U0185420

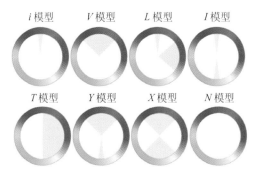

图 1-1　Matsuda 色彩搭配模型

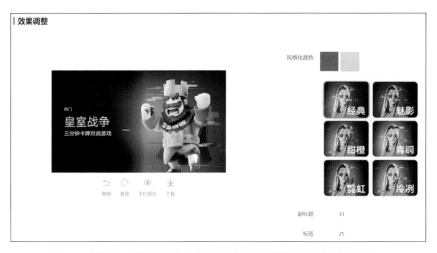

图 1-3　界面智能设计系统生成的界面布局（图像来自华为相关业务）

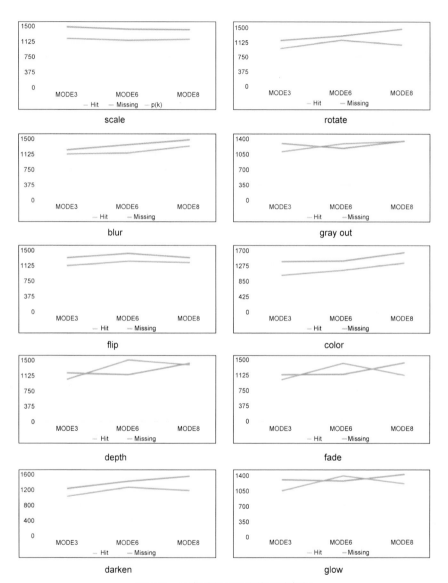

图 3-3 反应时间 RT 均值实验数据

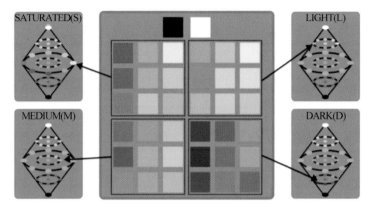

图 5-2　伯克利色彩项目 32 色

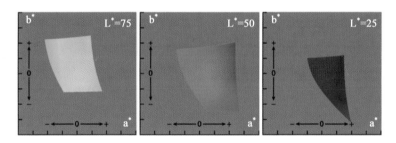

图 5-3　CIE L*,a*,b*（CIELAB）模型

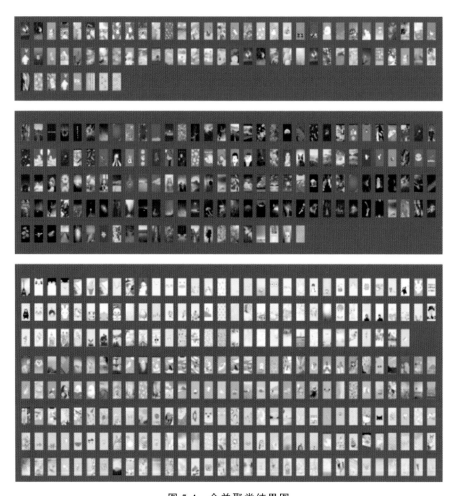

图 5-4 合并聚类结果图

图 5-5　图片色调示例

(a) 冷色调；(b) 中性色调；(c) 暖色调

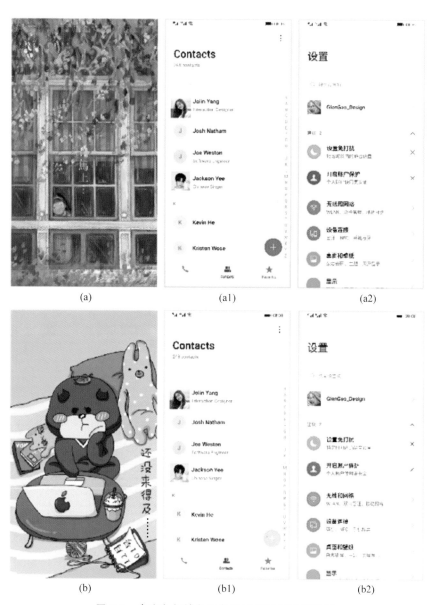

(a)	(a1)	(a2)
(b)	(b1)	(b2)

图 5-6 高亮色与辅色调色规则应用的实际效果

图 5-7　有彩色灰阶应用于键盘大面积填充的实际效果

图 5-8　通话记录界面，带有功能色的未接来电

主要流程

图 6-16　模板匹配主要流程

根据主图设定成套颜色

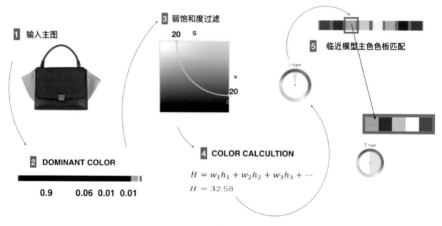

图 6-17　背景色调整

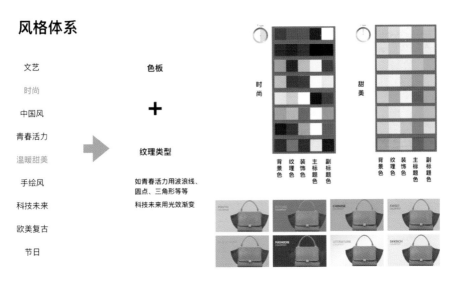

图 6-18 风格匹配系统

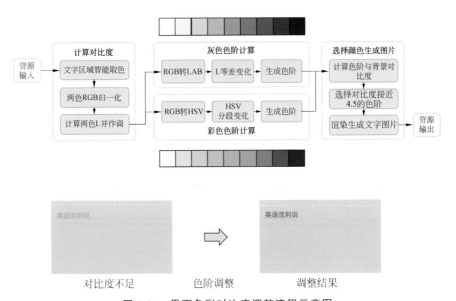

图 6-21 界面色彩对比度调整流程示意图

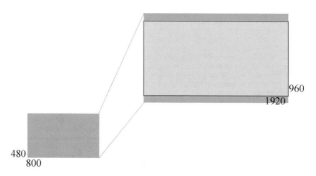

图 6-29　适配高度模式

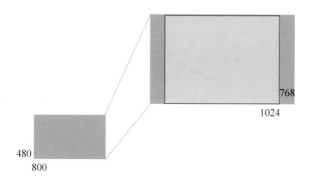

图 6-30　适配宽度模式

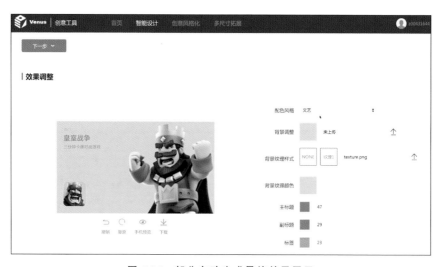

图 6-36　部分自动生成最终效果展示

清华大学优秀博士学位论文丛书

移动终端界面智能设计
理论与方法研究

徐千尧 (Xu Qianyao) 著

Study on the Intelligent Design of Mobile Interface

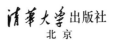
清华大学出版社
北 京

内 容 简 介

随着人机交互和人工智能领域研究和应用的不断发展,设计领域也逐渐走向智能化。如何用计算机代替手工生产,将设计人员从繁杂的重复劳动中解放出来,提高企业的生产效率,是现代化设计重点讨论的话题之一。本书以移动终端界面设计为对象,研究基于美学与设计规则约束的计算机自动辅助界面设计系统,提出了由元素层、理论层、需求层和表现层组成的层次化的界面智能设计框架。用户研究表明,该系统所自动产生的结果可以基本满足用户对界面设计的个性化需求,为设计人员解决了大规模个性化设计的难题,大幅度提高了界面设计的生产效率。同时,该系统也为计算设计领域的发展提供了新的思路。

版权所有,侵权必究。举报:010-62782989,beiqinquan@tup.tsinghua.edu.cn。

图书在版编目(CIP)数据

移动终端界面智能设计理论与方法研究/徐千尧著.—北京:清华大学出版社,
2023.10
(清华大学优秀博士学位论文丛书)
ISBN 978-7-302-63860-5

Ⅰ.①移… Ⅱ.①徐… Ⅲ.①移动电话机-人机界面-程序设计-研究
Ⅳ.①TN929.53

中国国家版本馆 CIP 数据核字(2023)第 111320 号

责任编辑:张维嘉
封面设计:傅瑞学
责任校对:赵丽敏
责任印制:杨 艳

出版发行:清华大学出版社
      网   址:https://www.tup.com.cn,https://www.wqxuetang.com
      地   址:北京清华大学学研大厦 A 座   邮   编:100084
      社 总 机:010-83470000   邮   购:010-62786544
      投稿与读者服务:010-62776969,c-service@tup.tsinghua.edu.cn
      质量反馈:010-62772015,zhiliang@tup.tsinghua.edu.cn
印 装 者:三河市东方印刷有限公司
经   销:全国新华书店
开   本:155mm×235mm   印   张:8.25   插 页:5   字   数:147 千字
版   次:2023 年 11 月第 1 版   印   次:2023 年 11 月第 1 次印刷
定   价:89.00 元

产品编号:094787-01

一流博士生教育
体现一流大学人才培养的高度（代丛书序）

人才培养是大学的根本任务。只有培养出一流人才的高校，才能够成为世界一流大学。本科教育是培养一流人才最重要的基础，是一流大学的底色，体现了学校的传统和特色。博士生教育是学历教育的最高层次，体现出一所大学人才培养的高度，代表着一个国家的人才培养水平。清华大学正在全面推进综合改革，深化教育教学改革，探索建立完善的博士生选拔培养机制，不断提升博士生培养质量。

学术精神的培养是博士生教育的根本

学术精神是大学精神的重要组成部分，是学者与学术群体在学术活动中坚守的价值准则。大学对学术精神的追求，反映了一所大学对学术的重视、对真理的热爱和对功利性目标的摒弃。博士生教育要培养有志于追求学术的人，其根本在于学术精神的培养。

无论古今中外，博士这一称号都和学问、学术紧密联系在一起，和知识探索密切相关。我国的博士一词起源于 2000 多年前的战国时期，是一种学官名。博士任职者负责保管文献档案、编撰著述，须知识渊博并负有传授学问的职责。东汉学者应劭在《汉官仪》中写道："博者，通博古今；士者，辩于然否。"后来，人们逐渐把精通某种职业的专门人才称为博士。博士作为一种学位，最早产生于 12 世纪，最初它是加入教师行会的一种资格证书。19 世纪初，德国柏林大学成立，其哲学院取代了以往神学院在大学中的地位，在大学发展的历史上首次产生了由哲学院授予的哲学博士学位，并赋予了哲学博士深层次的教育内涵，即推崇学术自由、创造新知识。哲学博士的设立标志着现代博士生教育的开端，博士则被定义为独立从事学术研究、具备创造新知识能力的人，是学术精神的传承者和光大者。

本文首发于《光明日报》，2017 年 12 月 5 日。

博士生学习期间是培养学术精神最重要的阶段。博士生需要接受严谨的学术训练，开展深入的学术研究，并通过发表学术论文、参与学术活动及博士论文答辩等环节，证明自身的学术能力。更重要的是，博士生要培养学术志趣，把对学术的热爱融入生命之中，把捍卫真理作为毕生的追求。博士生更要学会如何面对干扰和诱惑，远离功利，保持安静、从容的心态。学术精神，特别是其中所蕴含的科学理性精神、学术奉献精神，不仅对博士生未来的学术事业至关重要，对博士生一生的发展都大有裨益。

独创性和批判性思维是博士生最重要的素质

博士生需要具备很多素质，包括逻辑推理、言语表达、沟通协作等，但是最重要的素质是独创性和批判性思维。

学术重视传承，但更看重突破和创新。博士生作为学术事业的后备力量，要立志于追求独创性。独创意味着独立和创造，没有独立精神，往往很难产生创造性的成果。1929 年 6 月 3 日，在清华大学国学院导师王国维逝世二周年之际，国学院师生为纪念这位杰出的学者，募款修造"海宁王静安先生纪念碑"，同为国学院导师的陈寅恪先生撰写了碑铭，其中写道："先生之著述，或有时而不章；先生之学说，或有时而可商；惟此独立之精神，自由之思想，历千万祀，与天壤而同久，共三光而永光。"这是对于一位学者的极高评价。中国著名的史学家、文学家司马迁所讲的"究天人之际，通古今之变，成一家之言"也是强调要在古今贯通中形成自己独立的见解，并努力达到新的高度。博士生应该以"独立之精神、自由之思想"来要求自己，不断创造新的学术成果。

诺贝尔物理学奖获得者杨振宁先生曾在 20 世纪 80 年代初对到访纽约州立大学石溪分校的 90 多名中国学生、学者提出："独创性是科学工作者最重要的素质。"杨先生主张做研究的人一定要有独创的精神、独到的见解和独立研究的能力。在科技如此发达的今天，学术上的独创性变得越来越难，也愈加珍贵和重要。博士生要树立敢为天下先的志向，在独创性上下功夫，勇于挑战最前沿的科学问题。

批判性思维是一种遵循逻辑规则、不断质疑和反省的思维方式，具有批判性思维的人勇于挑战自己，敢于挑战权威。批判性思维的缺乏往往被认为是中国学生特有的弱项，也是我们在博士生培养方面存在的一个普遍问题。2001 年，美国卡内基基金会开展了一项"卡内基博士生教育创新计划"，针对博士生教育进行调研，并发布了研究报告。该报告指出：在美国和欧洲，培养学生保持批判而质疑的眼光看待自己、同行和导师的观点同样非常不容易，批判性思维的培养必须成为博士生培养项目的组成部分。

对于博士生而言，批判性思维的养成要从如何面对权威开始。为了鼓励学生质疑学术权威、挑战现有学术范式，培养学生的挑战精神和创新能力，清华大学在 2013 年发起"巅峰对话"，由学生自主邀请各学科领域具有国际影响力的学术大师与清华学生同台对话。该活动迄今已经举办了 21 期，先后邀请 17 位诺贝尔奖、3 位图灵奖、1 位菲尔兹奖获得者参与对话。诺贝尔化学奖得主巴里·夏普莱斯（Barry Sharpless）在 2013 年 11 月来清华参加"巅峰对话"时，对于清华学生的质疑精神印象深刻。他在接受媒体采访时谈道："清华的学生无所畏惧，请原谅我的措辞，但他们真的很有胆量。"这是我听到的对清华学生的最高评价，博士生就应该具备这样的勇气和能力。培养批判性思维更难的一层是要有勇气不断否定自己，有一种不断超越自己的精神。爱因斯坦说："在真理的认识方面，任何以权威自居的人，必将在上帝的嬉笑中垮台。"这句名言应该成为每一位从事学术研究的博士生的箴言。

提高博士生培养质量有赖于构建全方位的博士生教育体系

一流的博士生教育要有一流的教育理念，需要构建全方位的教育体系，把教育理念落实到博士生培养的各个环节中。

在博士生选拔方面，不能简单按考分录取，而是要侧重评价学术志趣和创新潜力。知识结构固然重要，但学术志趣和创新潜力更关键，考分不能完全反映学生的学术潜质。清华大学在经过多年试点探索的基础上，于 2016年开始全面实行博士生招生"申请-审核"制，从原来的按照考试分数招收博士生，转变为按科研创新能力、专业学术潜质招收，并给予院系、学科、导师更大的自主权。《清华大学"申请-审核"制实施办法》明晰了导师和院系在考核、遴选和推荐上的权力和职责，同时确定了规范的流程及监管要求。

在博士生指导教师资格确认方面，不能论资排辈，要更看重教师的学术活力及研究工作的前沿性。博士生教育质量的提升关键在于教师，要让更多、更优秀的教师参与到博士生教育中来。清华大学从 2009 年开始探索将博士生导师评定权下放到各学位评定分委员会，允许评聘一部分优秀副教授担任博士生导师。近年来，学校在推进教师人事制度改革过程中，明确教研系列助理教授可以独立指导博士生，让富有创造活力的青年教师指导优秀的青年学生，师生相互促进、共同成长。

在促进博士生交流方面，要努力突破学科领域的界限，注重搭建跨学科的平台。跨学科交流是激发博士生学术创造力的重要途径，博士生要努力提升在交叉学科领域开展科研工作的能力。清华大学于2014年创办了"微沙龙"平台，同学们可以通过微信平台随时发布学术话题，寻觅学术伙伴。3年来，博士生参与和发起"微沙龙"12 000多场，参与博士生达38 000多人次。"微沙龙"促进了不同学科学生之间的思想碰撞，激发了同学们的学术志趣。清华于2002年创办了博士生论坛，论坛由同学自己组织，师生共同参与。博士生论坛持续举办了500期，开展了18 000多场学术报告，切实起到了师生互动、教学相长、学科交融、促进交流的作用。学校积极资助博士生到世界一流大学开展交流与合作研究，超过60%的博士生有海外访学经历。清华于2011年设立了发展中国家博士生项目，鼓励学生到发展中国家亲身体验和调研，在全球化背景下研究发展中国家的各类问题。

在博士学位评定方面，权力要进一步下放，学术判断应该由各领域的学者来负责。院系二级学术单位应该在评定博士论文水平上拥有更多的权力，也应担负更多的责任。清华大学从2015年开始把学位论文的评审职责授权给各学位评定分委员会，学位论文质量和学位评审过程主要由各学位分委员会进行把关，校学位委员会负责学位管理整体工作，负责制度建设和争议事项处理。

全面提高人才培养能力是建设世界一流大学的核心。博士生培养质量的提升是大学办学质量提升的重要标志。我们要高度重视、充分发挥博士生教育的战略性、引领性作用，面向世界、勇于进取，树立自信、保持特色，不断推动一流大学的人才培养迈向新的高度。

清华大学校长

2017 年 12 月

丛书序二

以学术型人才培养为主的博士生教育,肩负着培养具有国际竞争力的高层次学术创新人才的重任,是国家发展战略的重要组成部分,是清华大学人才培养的重中之重。

作为首批设立研究生院的高校,清华大学自20世纪80年代初开始,立足国家和社会需要,结合校内实际情况,不断推动博士生教育改革。为了提供适宜博士生成长的学术环境,我校一方面不断地营造浓厚的学术氛围,一方面大力推动培养模式创新探索。我校从多年前就已开始运行一系列博士生培养专项基金和特色项目,激励博士生潜心学术、锐意创新,拓宽博士生的国际视野,倡导跨学科研究与交流,不断提升博士生培养质量。

博士生是最具创造力的学术研究新生力量,思维活跃,求真求实。他们在导师的指导下进入本领域研究前沿,汲取本领域最新的研究成果,拓宽人类的认知边界,不断取得创新性成果。这套优秀博士学位论文丛书,不仅是我校博士生研究工作前沿成果的体现,也是我校博士生学术精神传承和光大的体现。

这套丛书的每一篇论文均来自学校新近每年评选的校级优秀博士学位论文。为了鼓励创新,激励优秀的博士生脱颖而出,同时激励导师悉心指导,我校评选校级优秀博士学位论文已有20多年。评选出的优秀博士学位论文代表了我校各学科最优秀的博士学位论文的水平。为了传播优秀的博士学位论文成果,更好地推动学术交流与学科建设,促进博士生未来发展和成长,清华大学研究生院与清华大学出版社合作出版这些优秀的博士学位论文。

感谢清华大学出版社,悉心地为每位作者提供专业、细致的写作和出版指导,使这些博士论文以专著方式呈现在读者面前,促进了这些最新的优秀研究成果的快速广泛传播。相信本套丛书的出版可以为国内外各相关领域或交叉领域的在读研究生和科研人员提供有益的参考,为相关学科领域的发展和优秀科研成果的转化起到积极的推动作用。

　　感谢丛书作者的导师们。这些优秀的博士学位论文，从选题、研究到成文，离不开导师的精心指导。我校优秀的师生导学传统，成就了一项项优秀的研究成果，成就了一大批青年学者，也成就了清华的学术研究。感谢导师们为每篇论文精心撰写序言，帮助读者更好地理解论文。

　　感谢丛书的作者们。他们优秀的学术成果，连同鲜活的思想、创新的精神、严谨的学风，都为致力于学术研究的后来者树立了榜样。他们本着精益求精的精神，对论文进行了细致的修改完善，使之在具备科学性、前沿性的同时，更具系统性和可读性。

　　这套丛书涵盖清华众多学科，从论文的选题能够感受到作者们积极参与国家重大战略、社会发展问题、新兴产业创新等的研究热情，能够感受到作者们的国际视野和人文情怀。相信这些年轻作者们勇于承担学术创新重任的社会责任感能够感染和带动越来越多的博士生，将论文书写在祖国的大地上。

　　祝愿丛书的作者们、读者们和所有从事学术研究的同行们在未来的道路上坚持梦想，百折不挠！在服务国家、奉献社会和造福人类的事业中不断创新，做新时代的引领者。

　　相信每一位读者在阅读这一本本学术著作的时候，在汲取学术创新成果、享受学术之美的同时，能够将其中所蕴含的科学理性精神和学术奉献精神传播和发扬出去。

清华大学研究生院院长

2018 年 1 月 5 日

导师序言

　　徐千尧博士的研究聚焦于移动终端智能用户界面设计，目标是使普通用户可以通过输入个性化的参数来创建具有一定视觉吸引力的、对用户友好的智能界面，既美观又实用。同时满足用户对界面设计的个性化需求，为设计人员解决大规模个性化设计的难题，大幅度提高界面设计的生产效率。为了探究移动终端智能用户界面设计特性，徐千尧的研究将多学科的理论与方法融合，涵盖了用户体验研究、设计学、心理学、人机工学、交互设计等多个领域，为移动终端智能用户界面的设计与研究工作提供了全面的视角。

　　移动终端界面智能设计是人工智能的重要分支，随着互联网和移动终端的不断发展，在人工智能2.0背景下，智能设计也变得越来越重要。本书专注于创意和设计中的智能设计模型和应用方法的建立，对推动智能设计发展有重要意义。本书首先介绍设计智能研究背景，提出设计智能研究的理论框架。然后从用户需求分析、创意激发、内容生成和设计评价4个维度，详细综述设计智能研究进展和具体技术应用，重点论述关于智能生成内容的模型和方法。最后，提出未来设计智能研究中的开放问题和挑战。

　　围绕智能设计的创造力包括通过思考产生相对新颖和引人注目的想法，它的核心是设计美学可以被测量和开发。在过去的三十年中，已经有一些学者从计算和认知的角度对设计和创意问题进行了研究。近年来，关于设计智能的研究已经取得了重大进展。创造力和想象力是人类智能的一个基本特征，也是对人工智能设计发展的一个挑战。设计能否最终实现智能化，智能设计能否完全代替设计人员甚至超越设计人员？设计人员和机器该如何更好地合作，实现人机协同设计？智能设计如何为人类社会的设计发展带来更大的设计价值？在智能设计背景下，如何思考设计伦理问题？这是未来智能设计发展道路上值得我们不断思考和探索的问题。

　　徐千尧博士在这一研究领域付出了辛勤努力，并极富创新精神，她的研究工作不仅推动了移动终端用户界面智能设计技术的发展,也为这一领域带来了重要的研究成果。相信本书的出版将为广大学者与从业者提供有益启示,并推动用户界面智能设计技术的持续发展与应用。

徐迎庆

2023 年 10 月

摘　要

　　随着人机交互和人工智能领域研究和应用的不断发展,设计领域也逐渐走向智能化。如何用计算机代替手工生产,将设计人员从繁杂的重复劳动中解放出来,提高企业的生产效率,是现代化设计重点讨论的话题之一。移动终端的普及让大众对用户界面(User Interface,UI)不再陌生,但随着用户体验的不断深化,用户对个性化界面的需求也不断升级。只靠人工来完成海量个性化界面设计,既不现实又会给设计资源和社会资源带来极大压力。如何通过规则约束的方法来自动完成既美观又实用的用户界面设计,并在此基础上自动生成个性化的用户界面,是界面设计人员和软件开发工程师共同面临的巨大挑战。

　　本书以移动终端界面设计为对象,研究基于美学与设计规则约束的计算机自动辅助界面设计系统,提出了由元素层、理论层、需求层和表现层组成的层次化的界面智能设计框架。该框架首先结合图文布局的界面设计理论与个性化设计特点,研究界面设计中各特征之间的关系,并提出量化方法。其次利用定性的用户研究方法对移动终端界面设计人员进行深入访谈,把设计人员的设计经验提升到理论高度,推导了设计人员在设计实践中的共性和不同设计阶段可能存在的差异。最后基于界面设计人员的设计经验和用户界面设计特征分析,在表现层研究约束化界面自动生成的实现方法。该系统具有一组事先设定的与主题相关的布局模板,并以计算框架辅助之,结合图像设计特征和美学原则来调整界面布局与风格。在相关领域专家知识和定量调查与分析相关设计因素(例如颜色、字体和布局等)的基础上,定义了空间布局、语义颜色、和谐的色彩模型以及字体大小等界面设计所必需的参数化约束限制。

　　利用该系统,普通用户可以通过输入个性化的参数来创建具有一定视觉吸引力的、用户友好型的智能界面,既美观又实用。用户研究表明,该系

统所自动产生的结果可以基本满足用户对界面设计的个性化需求,为设计
人员解决了大规模个性化设计的难题,大幅度提高了界面设计的生产效率。
同时,该系统也为计算设计领域的发展提供了新的思路。

关键词:移动终端;计算机辅助界面设计;人机交互;用户体验

Abstract

With the development of HCI and AI research as well as practical application, the relevant design field has gradually become more intelligent. One of the critical themes is to increase the productivity of designers by replacing manual, tedious and exhausting design work with computational approaches. The prevalent usage of mobile applications has triggered larger demands for personalized user experiences. Such demands lead to an overwhelming amount of relevant design works, which are unrealistic and uneconomical to be achieved through manual design practice. Therefore, it has become a challenge for both UI designers and software engineers to achieve automatic design of aesthetic, useful and personalized interface.

This book focuses on the mobile UI design. It explores the automatic design generation through a computational approach, based on aesthetic regimes and design rules. The study proposes a framework for intelligent UI design consists of multiple aspects, such as elements, theories, demands, and expressions. The framework firstly combines UI design theories with personalized design features and provides a quantitative approach to understand the relationship among multiple aspects in UI design. It then adopts a qualitative method to study the practical behaviors of designers, which are afterwards summarized and analyzed from a theoretical perspective. It reveals the similarities and differences among various design practice and diverse design phases. Finally, it studies the automatic generation of UI designs based on the previous research outcomes. This framework contains a series of thematic UI templates, of which the compositions and styles can be computationally adjusted according to presupposed visual design rules and aesthetic principles. Though expert reviews and quantitative analysis on multiple design attributes, we defined several attributes of the framework to be computationally controlled, including spatial compositions, semantic tones, color systems and font styles.

Through the system we propose, ordinary users can create intelligent UI, which are useful, visually appealing and user-friendly, simply by inputting their personally preferred attributes. We validate the system through user studies to conclude that it meets the basic user needs of personalized UI design. Moreover, it also shows the potential to increase the efficiency of designers in the mass production of personalized UI design. Finally, we see this study as a novel and promising direction to the application of computational design.

Key words: Mobile Device; Computational UI Design; Human-Computer Interaction; User Experience

目　录

第 1 章　绪　　论

1.1　研 究 背 景

图形用户界面(Graphical User Interface,GUI)是指采用图形方式显示的计算机操作用户界面[1],它具有人机交互性、美观性、实用性、技术性等特点。从上述定义可以看出 GUI 是一种结合设计学、心理学、计算机科学、行为学等多个学科领域的交叉学科,是强调人、机、物、环境融合的设计系统。随着中国 IT 产业和移动通信产业的迅猛发展,移动终端 GUI 产品设计趋势正在从"形式追随功能"转向"功能追随情感",以满足人们情感与精神层面的需求。因此,满足用户个性化需求是其中一项非常重要的设计任务。面对激增的海量图形图像数据,设计工作无法完全通过人工方式完成,所以智能辅助设计应运而生。比如阿里巴巴公司的鹿班智能设计系统,仅 2019 年"双十一"期间,就设计了 11.7 亿张海报。该系统帮商家完成了 120 万次店铺装修、600 万次商品图片设计与投放,满足了用户的个性化需求。因此,用计算机代替设计人员手工生产、用算法帮助设计人员完成重复繁杂的设计工作是当前智能辅助设计的重要研究方向之一。

在传统设计领域,已有的设计经典模型有很多。例如,由斯坦福的 D. school 提出的 Design Thinking 设计思维模型和 Double Diamond 设计模型,都可以辅助设计人员高效地完成设计任务。Design Thinking 设计思维模型鼓励设计人员遵循理解用户、定义问题、原型设计和用户测试等设计阶段[2]。Double Diamond 设计模型在发现、定义、开发和交付四个设计实践过程中循环往复地发散和收敛设计想法。此外,还有的设计模型通过量化设计过程以激发设计人员的创新能力[3],从而提升设计的创新性。然而,这种由"目标用户—设计人员—设计产品"三部分构成的设计模式不再能满足批量化的设计生产需求。在与设计密切相关的多个领域的快速发展下,传统设计模式正逐渐向智能设计模式转型。

在移动终端设备供给极大丰富、使用频率持续提升的今天,人们越来越倾向于用移动设备上网、看新闻、购物、社交等,并在网络上创建和共享了比以往更多的媒体内容,包括经验分享和产品推广。因此,视觉和文本相结合的移动终端界面设计正在变得无处不在。用户界面的视觉文本布局既要符合美学规则又要满足用户个性化需求,对用户友好,从而吸引用户的注意力。用户需求的不断提升,给移动终端的设计人员提出了众多挑战。其中,如何设计一个视觉上引人注目的个性化用户界面是最重要的挑战之一。然而,对于许多预算有限的小企业和非专业设计人员来说,制作个性化的具有美学吸引力的用户界面仍然存在较大的困难。

为解决上述问题,学术界在如何自动生成用户界面等方面进行了大量的尝试。通过分析设计原则,研究人员 Bauerly 和 Liu 提出了视觉平衡、设计一致性、疏密有致和面积搭配[4]等综合美学规则。通过应用这些计算模型,生成基于规则约束的图文混排的布局,并且解决了其优化问题。又如,Yang 等提出了高级美学设计原则和低层次内容功能特征相结合的图文混排的杂志封面生成方法[5]。Yin 等提出了一种对自动生成布局进行优化的方法,用于计算文本叠加的位置、字体大小和颜色,自动生成移动设备中可浏览的视觉文本[6]。Mei 等将类似的研究方法应用于视觉图像上的文字广告[7]。Kuhna 等建议通过最小化文本块覆盖的重要图像像素来自动定位文本[8]。一些研究人员试图利用预定义的空间约束从大规模数据的布局中学到规则,让人们明确地掌握现有知识的同时监督自动生成布局的质量[9]。

迄今为止,前人的研究工作主要侧重于为设计人员提供很多设计模板,这些设计模板大多没有具体的应用场景或灵活的设计方案。然而设计工作是需要有具体的使用场景、具体情况具体分析的(也很少有从设计人员真正的设计行为和设计需求出发,结合移动终端特定领域的界面设计原则自动生成的布局良好的设计)。为了有效总结用户界面设计特征间的关系,需参考已有的设计特征定义和特征量化方法。在这些已有研究结果的指导下,我们通过对专业设计人员的访谈,用质化的研究方法调研移动界面设计人员的设计需求,提出符合美学设计原则的自动生成界面设计方法。该方法具有一组与事先设定的主题相关的布局模板并以计算框架为辅助,结合图像设计特征和美学原则来调整界面布局与风格。相关领域专家系统定量地调查、分析了相关设计因素(例如颜色、字体和布局等),定义了空间布局、语义颜色、和谐的色彩模型以及字体大小等界面设计的参数化约束限制。普通用户可以通过输入一些个性化的参数来创建具有一定视觉吸引力的、用户友好型的智能界面。用户研究表明,该系统所设计的用户界面可以基本满足用户的个性化需求,为设计人员解决了个性化设计难题,同时大幅度提高了界面设计的生产效率。

正确的设计因素(例如颜色和字体)设置对于设计来讲至关重要,因为它们可以吸引用户的注意力,甚至影响用户决策。我们系统并定量地调研了各种设计因素(例如颜色、字体和布局),通过量化色彩界面表达界面的设计个性。我们还演示了一些实际应用场景,包括设计元素级的设计建议和个性化的界面示例。

1.2　研究问题及意义

智能手机和平板电脑等移动终端设备已成为用户获取信息和传递信息的普遍窗口,例如,截至 2019 年 9 月,全球有超过 30 亿人拥有智能手机[10]。本书以移动终端界面设计为对象,研究基于移动终端界面设计特征的、符合审美规则且能吸引用户注意力的界面布局自动生成方法。围绕 UI 设计特征,提出智能设计框架与方法。但在计算机自动设计用户界面的实现过程中,存在以下问题:

(1)由于移动终端用户的背景、兴趣、文化、习惯等千差万别,界面使用本身具有主观性和复杂性,用户不可避免地提出各种各样的要求,如何把用户的要求变为合理的诉求,并且把用户需求归纳总结为统一的设计标准,尽最大可能满足用户的个性化需求,是设计人员展开设计工作的难点。

(2)界面设计布局复杂,包含的元素类型(图形、图像和文字)众多,色彩搭配多样且包含大量主观的视觉感知特征(如风格、语义等),如何将这些视觉特征元素量化,为自动生成的设计模板提供规范化数据,从而生成高质量且形式多样的界面设计,以满足不同场景的用户个性化需求,是规则约束的模板生成方法中需要总结和研究的问题。

(3)设计问题主观而抽象,设计人员在不同的设计环节有不同的设计任务。如何从设计人员设计体验的角度深入了解设计人员的设计行为和不同设计阶段对设计工具的需求,是我们需要重点解决的问题。考虑到专家设计人员和新手设计人员不同的设计经验,如何设计通用的设计辅助工具是智能设计模型中的难点。

(4)设计人员需要在迭代应用设计的过程中经常征求目标用户或领域

专家的反馈，以确保指定品牌个性的吸引力、独特性和自我表现力。这种做法虽然很有效，但可能不适用于预算和资源有限的小公司和个别开发商。因此，如何提供快速的、低成本的、可靠的设计反馈是需要关注的重点。

针对以上问题，Jahanian 等研究了设计良好的视觉文本呈现布局的关键概念[11]，并介绍了设计的元素、原则和美学。设计的基本元素是指人们感知的六个基本视觉元素，即颜色、线条、形状、色调、纹理和体积。在更高层次的设计上，设计原则提供了处理和排列设计元素的关键方法，包括特定的设计规则，如对称或非对称视觉结构中的视觉平衡、在视觉焦点上的重点对象排版、赏心悦目的色彩搭配等。然而，设计的美学不仅表现了元素组合的形式，而且表现了视觉文本布局所传达的情感。文本的不同大小和位置构建了一条视觉路径，引导读者关注具有视觉重要性的项目。文本的重复形式与非显著区域之间平衡的布局描绘了良好的界面组织结构。常见的 Matsuda 色彩搭配模型（见图 1-1）以色环为基础[12]，基于色彩搭配理论定义了多种模型结构，来表示特定的色彩搭配关系。如 I 模型反映了"对比色"的色彩搭配理论，而 V 模型体现了"邻近色"的和谐色彩关系。

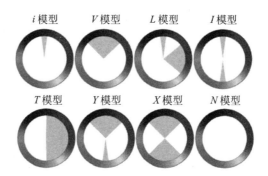

图 1-1　Matsuda 色彩搭配模型（见文前彩图）

Cheng 等的研究利用上述研究中 V 模型调整界面中的色彩[13]，使之色彩关系和谐。这里最明显的色彩美学理论是选择一种温暖和谐的色彩，在移动 UI 上表达出热情和有吸引力的情感。在移动终端行业中，随着媒体消费趋势从传统的台式计算机向屏幕尺寸有限的各种移动设备转变，如何在有限的屏幕尺寸内保证用户的阅读体验引起了设计人员的广泛关注。例如，Flipboard 以吸引人的杂志式布局组织社交媒体的界面设计，为了保持屏幕上的信息呈现最大化，在图像上叠加了一段文本，将半透明蒙版固定在界面的最底部位置,并使用特定的比例搭配,使用满足阅读功能的色彩搭配。这种布局方案在许多网站上得到了广泛的应用。

1.3 研 究 方 法

人工智能、人机交互和用户研究等领域的不断发展,为传统设计行业注入了全新的活力,带来了全新的愿景。智能设计是将设计人员精心设计的作品和设计经验总结为设计规则,利用计算机的计算能力对设计规则进行匹配和优化,并将之应用于自动化设计的实际业务场景中,从而批量化地输出满足业务需求的结果。这种新的设计模式不仅对设计人员和软件工程师提出了新的要求,也对设计研究和计算机技术提出了挑战。目前尚无成熟、完整的设计理论描述人工智能背景下的设计模式。为了阐明相关组成与特征,本书就用户界面设计,提出了如图 1-2 所示的界面智能设计框架。

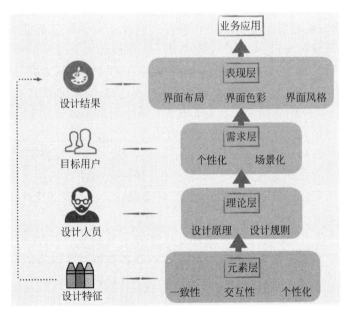

图 1-2 界面智能设计框架

智能设计框架一共分为四个层面,分别是元素层、理论层、需求层和表现层,下一层级是上一层级的基础。用户界面的设计特征为设计人员提供设计理论的元素,设计人员总结设计规则并做出满足用户需求的个性化界面设计,最终设计结构通过界面布局、界面色彩以及界面设计风格表现出来,并且服务于设计业务应用。本书通过上述界面智能设计框架,针对移动终端设计人员在界面设计中遇到的挑战,为实现移动终端界面的自动生成,利用文献调查法、双钻石模型(Double Diamond)、用户研究等方法,沿如下的思路展开三方面的研究:

(1)通过文献调查法研究移动终端界面设计特征的量化方法。结合图文布局的界面设计理论与个性化设计特点,研究界面设计特征之间的关系。以此为基础,结合设计人员经验和设计美学准则,研究不同设计特征的量化方法,从而实现智能界面的自动生成。

(2)利用质化的用户研究方法对移动终端界面设计人员进行深入访谈,研究设计人员的设计体验,了解用户界面设计人员的真正需求,设计人员如何利用设计资源和文档进行用户界面设计,以及设计过程中的设计示例如何为用户界面设计提供灵感。我们对移动终端 UI/UX 设计人员(12 名专家和 12 名新手)进行了定性的访谈,推导了设计人员在设计实践中的共性,并利用双钻石模型分析不同经验背景的设计人员在四个设计阶段(发现、定义、开发和交付)可能存在的差异。了解设计人员的需求和他们在不同阶段进行的设计工作,发现已有设计搜索工具的不足,探索并寻找开发智能辅助设计工具的机会,以更好地支持设计人员工作,提高生产效率。

(3)移动终端界面的智能生成方法。基于用户界面设计人员的设计经验和用户界面设计特征分析,研究约束化用户界面生成的实现方法。包括图文混排的布局、基于风格特征的色彩量化方法、符合审美特征并且能吸引用户注意力的界面生成方法等。通过用户研究的方法收集用户反馈,确保研究结果满足用户需求并被用户接受,提高设计人员的设计生产效率,推动企业生产发展。

图 1-3 显示了使用本书的研究方法自动生成的布局,它反映了真实移动终端用户界面上使用的许多设计原则。在各类视觉文本布局呈现中,用户界面设计体现了最全面的设计理念。这套设计模型(包括空间布局和字体属性)符合普遍美学原则,同时为保证设计模型的多样性,不同类型的设计各有不同。例如,在海报中,为了使文本部分易于阅读和吸引人,字体大小的范围往往更宽,字体存储库也更加全面。该模型可以应用于我们的模板框架,以生成相应的视觉文本布局。这种规则约束的界面设计自动生成方法不仅可以修改而且易于扩展,基本实现了用计算机替代手工生产,用算

法帮助设计人员完成简单且重复度高的界面图像设计任务。我们的研究不仅在移动终端界面上可以满足应用程序的展示,这套视觉图文布局的用户界面生成方法还可以指导其他设计应用,如海报、杂志封面、PowerPoint 演示文稿和其他多媒体用户界面。

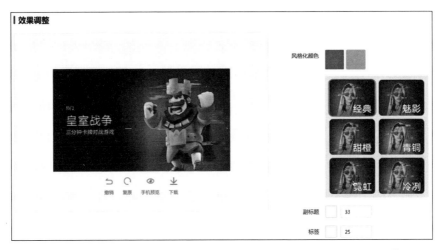

图 1-3　　界面智能设计系统生成的界面布局(图像来自华为相关业务)(见文前彩图)

1.4　小　　结

本书将在移动终端界面设计领域开展探索,提出一套移动终端用户界面自动化设计的理论与方法。本章介绍了用户界面自动化设计的研究背景、研究内容及研究方法。本书将对移动终端用户界面的发展沿革、相关领域的发展动态、用户界面的设计特点、移动终端 UI/UX 设计人员的设计行为等进行阐述与研究。本书还将进一步地以理论与实践相结合的方式展开研究,在本书提出的设计理论、设计策略、设计框架与设计方法的指导下,进一步与真实的使用场景相结合进行实地研究。实践研究结果表明,本书提出的方法能够切实可行地解决设计人员的个性化设计问题,满足用户的个性化界面设计需求。图 1-4 展示了本书整体的结构和展开方式。

第 2 章主要介绍用户界面设计的国内外研究现状;第 3 章使用双钻石模型的研究方法展开对设计人员需求的具体研究;第 4 章对界面设计特征进行总结及量化,并且提出基于用户需求的层次化的界面设计理论;第 5 章针对上述理论与方法,对界面色彩进行分析和量化,提出风格化的界面色彩分析方法；第 6 章结合理论展开具体的自动生成界面设计实践应用；第 7 章总结本书的论述，并探讨智能化个性用户界面未来的发展方向。

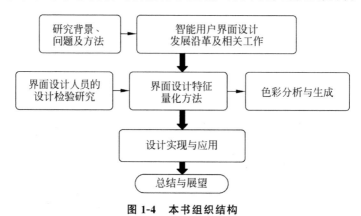

图 1-4　本书组织结构

第 2 章 国内外研究现状

本章主要围绕移动终端用户界面的智能设计研究,从用户界面设计特征、设计人员的界面设计体验和界面图像智能设计方法三个角度回顾研究现状。首先介绍移动终端界面设计特征;然后在此基础上研究设计人员在进行界面设计时的行为习惯以及对设计工具的需求;最后结合设计人员的设计需求,通过图像智能设计的应用,总结相关领域代表性成果。

2.1 移动终端界面设计特征研究现状

界面设计特征指界面设计中可以客观衡量的特征,是界面设计原则、设计风格的集中表现[14,15]。

移动终端界面作为视觉传播媒介,在我们的日常生活中随处可见,包括手机、平板电脑、笔记本电脑等。其界面设计通过图像、符号和文本的组合向受众传达信息,具有可交互性特征。在交互界面的使用过程中,为了减少用户的学习,符合用户的心理预期,用户界面还需要具备一致性特征。界面设计需要向受众传递信息并且吸引受众,为了实现这一目标,设计人员们经常会调整设计的整体外观,在用户开始阅读之前就传递好的即时印象[16,17]。设计人员经常利用设计特征去控制整体外观和感觉,传达某些个性(例如,可爱、神秘、浪漫),以打动潜在的观众并实现业务目标。然而,确定设计特征的因素具有挑战性,因为界面设计通常包含诸多因素(如动效、字体、颜色、图像和布局),是数千项决策的结果。鉴于设计决策空间如此之大,如何选择这些因素使它们相互影响以体现界面设计特征,即使对于有经验的设计人员来说,也是一项非同寻常的任务,这也是本书研究的重点。在本小节中,我们旨在探索界面设计中的交互性特征、一致性特征、个性化特征以及相关量化方法,并介绍前人的研究结果。

我们知道,移动终端的交互性特征多通过动效集中体现,一个移动终端中有几千个动效。动效不仅可以为用户带来易学易懂易用的操作方式,吸引用户的注意力,而且会影响用户忠诚度。动效最近已成为移动用户界面中的常见元素[18]。移动用户界面中的动画设计元素的功能范围,从给用户一种与自然行为对象互动的幻象[19],到吸引用户的注意力[20]。Chevalier等列出了用户界面动画的 23 种不同角色,并将其分为五个类别,即保持上下文的衔接、引导操作、用户体验、数据编码和视觉对话[21]。尽管业界和研究界普遍认为动效是用户界面设计的一个有益方面,但不同的研究对动效的定义也不同[22]。例如,Kraft 和 Hurtienne 将动效定义为一系列根据用户动作动态呈现的变化图像,以帮助用户感知随着时间连续变化的操作[19]。Thomas 和 Calder 将动画作为描述用户界面元素空间运动的特征[23]。在我们的工作中,我们用构建用户的视觉吸引力变化定义移动终端界面中的动效[24]。此定义不包括由错误操作或缺乏设计引起的视觉变化,以及冗长的预设动效内容,例如视频或启动画面。该定义既包括视觉状态(切换应用程序屏幕)之间的大规模过渡动画,也包括较小的视觉变化(选择后反弹的图标)。本书通过新兴的有关动画设计的不同平台的现有指南进一步洞察了设计实践[24]。然而,如以上所指出的,在移动界面设计中对动画这一界面交互性特征研究的关注有限。

用户体验的满意度(User Experience)用来衡量用户在认知和情感上的专注程度[25],它影响用户的忠诚度和用户黏性,最终对应用程序的成功有一定影响[26]。有研究从四个方面来衡量用户体验,包括是否引起用户的注意力、对于用户审美的吸引力、用户的感知度和给予用户适当的奖励因素[27]。事实证明,所有的动画均与这四个方面有关。

首先,动效可以有效地解释用户界面的视觉变化,并以此引导用户的注意力[28,29]。Heer 等的研究指出,交互性动效可以基于人类的感知系统吸引并转移用户的注意,减轻用户的认知负担[30]。通过动效来帮助用户跟踪和理解屏幕上的元素视觉变化,使视觉状态在屏幕之间的转场更平滑[30]。其次,动效会影响用户界面的美观[31]。例如,带有更多动效的用户界面设计通常被认为更美观[32]。带有美感的动效设计可以使用户感到愉悦,增强用户体验[33,34]。另外,动效可以增强用户界面的感知可用性。当用户界面元素的运动逼真且令人信服时,用户可以将更多的精力放在任务本身上,而不是界面的机制上[35]。最后,动效使用户体验更有意义,并且鼓励用户继续与界面进行交互。如 Thomas 和 Calder 提出,适当使用动效的界面比没有动效的界面更具激励性[23]。但是,冗余的或者不恰当的动效可能会导致用户参与度降低。例如,不合适的动效可能会分散注意力,因此将用户的注意力从手头的任务上转移开[24]。当动效看起来很幼稚的时候,也会将用户赶走[23]。因此,尽管在用户界面中使用动效有很多好处,但必须适当地使用它们以产生积极的效果。

已经有很多研究工作基于用户感知和对用户界面的主观反馈进行建模,例如美学判断[33]、视觉多样性[36]和品牌感知[37]等。其中比较典型的实现方法是编译一组描述用户界面页面的视觉描述符号,例如颜色、纹理和组织[37],然后大规模地收集用户感知数据并构建相应的预测模型。另外,深度学习(Deep Learning,DL)在基于大规模数据学习的代表特性上表现良好[38]。例如,采用卷积神经网络来预测图像设计的外观。在移动终端用户界面设计领域,基于深度学习的方法已应用于预测界面的可感知触碰性[39]和预测用户对于菜单的选择[40]。尽管基于用户界面的视觉变化来引导用户的注意力的 UE 在设计中起着至关重要的作用,但对建模 UE 的计算方法仍然缺乏深入研究。一些相关研究从已有的交互数据[41]或社交媒体数据记录的文本信息中[42]推断出 UE 的设计方法,但没有研究视觉刺激对 UE 的影响。同时,上述研究(其目标皆为静态用户界面)都不能对移动界面的动效进行概括,因为它们不考虑动态用户界面的更改效果对用户体验带来的影响。此外,虽然大多数现有研究只提供动效对视觉吸引力的预测分数,但它们缺乏提供详细反馈的能力,以方便与设计人员进行沟通[43],从而有效提高动效视觉设计的能力。为了弥补这些差距,本书量化了一种新的测量方法,它可以预测移动终端界面中的 UE 水平,并进一步对动画设计中潜在的 UE 问题进行反馈。

移动终端界面中的一致性设计是指在人机交互界面的操作逻辑具有一致性,以及界面设计风格等特征基本保持一致。Material Design 和 iOS 设计准则中都提到了用户界面设计的一致性问题。Material Design 和 iOS 的设计准则都不只是应用在移动设备上,通常苹果的电子产品本身会和用户界面在设计上高度一致,而 Material Design 更是被谷歌应用在谷歌系网站、安卓平台 App 设计以及 Chrome 的设计上。在不同产品线或者不同平台上保持同一设计准则,才使得一致性特征作为一种交互原则应用于用户界面设计中。本小节介绍一致性特征中界面设计的各种图形设计因素和量化方法,以及在不同设备上的一致性适配方法。

量化界面中的设计因素具有挑战性,因为设计界面是基于多种因素(包括颜色、字体、图像和布局)决策的结果。鉴于设计决策空间如此之大,如何选择这些因素,以便它们相互影响以体现界面设计的某种个性,即使对于有经验的设计人员来说,也是一项非同寻常的任务。

界面设计中的各种图形设计因素,如颜色[44,45]、字体[46]、插图[47]和布局[48,49]已经分别被很多研究者单独研究过。对于整个界面设计的研究,Ritchie 等[50]为网页设计了一种网页界面浏览工具,该工具使用了一些相对简单的图像设计元素(例如,平均色彩、页面上的文字个数)。Pang 等利用了一组特征来描述用户一段时间内在网页上的注意力以及使用行为[51]。我们利用规则约束的方法,在图形设计中系统地研究各个设计元素之间的关系,并且对每一个设计元素进行量化,以适应移动终端的各个产品线和不同平台,使之保持界面设计的一致性,而以前的工作尚未对此进行过研究。

长期以来,人们一直在研究特定人物特征的人格,以分析当前环境中的人类行为[52]。研究人员将这个概念扩展到个性化品牌模型,将其理解为一组与品牌相关的人类行为特征的集合,它捕捉了用户对品牌个性特征的看法和偏好[53,54]。为了衡量用户与品牌个性的关系,Aaker 等从人的"五大基本个性"集合中选择品牌个性的维度,即"真诚、兴奋、能力、成熟和坚强"[53]。这项研究已被证明是一种可靠、有效的品牌个性评估方法[55]。Chen 和 Rodgers 调查了消费者对网站品牌的看法[56],调查结果表明,网站的品牌个性是可以持续地被用户感知和认可的。Poddar 等透露,网站营造活泼、友好、温馨的氛围,可以使得网站的节日气氛充满热情[57]。与网站类似,移动终端应用也是品牌运营商,并呈现与人类偏好相关的功能[58]。这些研究都对本书有所启发,但移动终端界面应用设计的个性化是否可以持续被用户感知,这是前人没有研究过的。

过去的研究表明,个性化的设计至关重要,因为它可以影响用户对产品的看法[59,60]。相关研究分为两个流派,其中一个流派的产品设计注重突出品牌个性。品牌个性的体现已被证明具有多种价值,如建立独特性[56]、吸引目标受众[51]、赢得用户的信任[61]、培养与用户的情感联系[27]。消费者倾向于选择具有自身特征的个性化产品[54,62]。此外,提升品牌个性可以使网页界面风格区别于其他竞争对手[56]。另一个流派认同用户在与界面进行交互时,用户观点和行为取决于用户本身的个性。例如:(1)外向者往往比内向者更频繁地使用手机;(2)外向又富有善心的用户对于移动电话服务[41]的满意度比内向的用户更高。此外,当用户界面应用的个性化与目标用户的个性匹配时,目标用户会认为其用户体验更友好[63]。通过操纵品牌和网站的视觉元素构成,可以塑造品牌和网站的感知个性。特别是视觉元素的组合构成的品牌个性,包括简单性、凝聚力、对比度、密度和规律性[64]。

视觉元素(如整体布局、结构和配色方案)可以为界面带来富有激情的、更加复杂化的个性化设计[57]。此外,设计中的个性化与用户的个性是否一致与品牌的活跃度有关[5]。但是,对于移动终端界面的个性化应用以及用户如何通过用户界面的色彩感知移动终端界面的个性化设计,人们知之甚少。此类研究有助于理解移动终端界面的个性化设计风格[65]。

2.2　移动终端用户界面设计体验

创意设计过程中涉及的设计示例应用是指设计人员不断引用和搜索的设计素材。这些设计素材可能以各种形式出现,包括图形元素、草图原型、交互逻辑、物理模型等[66]。这些设计素材为解决设计问题、组织设计创意、改变灵感来源等提供支持[67]。

以前的研究已经充分证明了设计示例在界面设计中的重要作用。一方面,作为设计活动的重要组成部分,设计案例是成功完成一项设计工作的基础[68]。设计案例有助于创建设计视觉框架、重新解释设计意义和评估设计理念[69,70]。设计人员提出,当遇到适当的设计案例时,他们在设计过程中会产生多样化和富有创造性的想法[71]。同时,设计人员可以通过比较和评估不同的设计特征从设计案例中获益。另一方面,设计案例也可能对设计结果产生直接影响。即使对于经验丰富的设计人员来说,低质量的设计示例也会对其设计活动产生负面影响。例如,在设计构思时,具有强烈的语义性质的设计示例对设计创造力和设计灵感就是有负面影响的[72]。此外,设计人员可能会对看过的设计示例念念不忘,从而影响个人的设计创作[73]。这就是所谓的固定设计模式,在这种情况下,设计输出的多样性和独创性会受到特定示例的限制[74]。

现有的人机交互研究发现,设计示例的使用在设计的不同阶段有所不同[66]。例如,在设计创意生成阶段,设计示例使用有助于加深对当前市场的理解,促进对现有设计的再创新以及拟议设计的独创性;而在设计结果评估阶段,示例用法可作为测量设计方案的原创性和有效性的方法[66]。研究中我们还观察到设计专家和新手之间的行为差异。由于专家比新手积累的设计理念和设计经验要多,因此他们较少依赖设计示例[75]。尽管专家设计经验丰富,但事实证明,设计思维和设计模式固定对专家来说也是比较严重的问题[76]。这些现有的研究仅仅基于一个因素单独讨论,无论是设计过程还是设计专业知识,都没有将它们放在一起进行讨论。因此,先前的研究内容并没有涉及如何在实际的设计实践中支持新手和专家。此外,虽然这些现有的研究从一般设计角度确定了设计模式,但鉴于不同的设计领域设计模式可能有所不同[66],它们可能不会概括为特定的移动用户界面领域设计。移动设备的界面设计具有独特性,如移动终端的本质属性、界面的小尺寸因素和人机交互模式,以及现有的标准化设计准则,都显著地将移动用户界面设计与其他设计领域区别开来[77]。为了阐明计算机技术如何更好地帮助移动用户界面设计人员完成设计工作,我们研究了现有的在线示例管理工具。我们的工作不同于现有的研究,在移动用户界面设计领域中,本书把设计人员的设计过程和设计专业知识背景相结合,对设计人员的设计行为和设计需求展开深入研究。

在设计过程中,查找设计示例有多种方法,例如参考物理材料和在线资源,或者直接与设计人员面对面交谈求取经验等。其中在线管理平台被公认为设计人员收集设计信息的重要渠道,特别是随着在线设计存储库的不断发展[75,78]。但是,现有的在线设计示例平台对如何支持设计示例管理从而促进设计人员的创意设计工作的关注有限。最相关的工作由 Janin等[78]完成,他们通过调查研究将在线平台作为设计思想的普遍来源。通过观察设计人员参考的在线示例,他们发现设计人员对在线示例的信任度和可用性感到担忧。然而,他们的研究并没有触及在线平台如何支持设计示例管理,以及设计人员在此过程中可能会面临哪些挑战。

已有的研究将为设计人员开发的支持示例管理的工具归纳为两类,其中一类是便于设计人员以高效、自然的方式获得可参考示例的工具。例如,Yee 等介绍了一个基于类别的界面,该接口允许沿概念维度[79]进行导航。Kang 等设计了 Paragon,通过利用现有数据帮助设计人员有效地浏览示例[18]。有一种较新的技术叫作 Swire,即以设计人员创建的设计草图作为输入,用以图搜图的方式查找相关的用户界面示例,提供自然和新颖的搜索交互方式[80]。另一类研究既探索又利用设计实例,以避免设计固定的陷阱。一个典型的工作是由 Koch 等开发的机器学习支持工具,与设计人员进行互动,帮助设计人员构思,为设计人员探索和开发提供策略支持[81]。我们的研究与这些工作是十分接近的,都是致力于为设计人员在移动用户界面设计实践时的具体需求提供详细的研究模型。

2.3　规则约束的界面智能设计方法

随着人工智能和人机交互的发展,智能辅助设计在界面设计中的应用越来越广泛。研究者根据不同的使用场景,使用相应的智能设计方法。简单地说,界面智能设计方法有两大类,一类是基于规则约束的界面智能设计方法,另一类是基于大数据深度学习的方法实现智能设计。二者各有其优点,在不同的应用领域发挥作用。本书主要研究围绕规则约束的界面智能设计方法。规则约束的界面智能设计,是指设计人员根据设计经验和设计特征总结出来的规律,形成设计规则,指导智能设计过程或者约束智能设计的结果。模板的方法是规则约束的设计方法中最广泛使用的方法之一。O'Donovan 等通过定义优化能量函数解决布局问题[46],这些特征包括对齐、平衡、重要、留白、大小、顺序、重叠和统一,可以作为通用的指导方法,如通用文本和图形模块[82]、相册[83]、路线图[84]和家具布局[85,86]等。这些方法通常涉及简单的可手动调整的功能(如对齐或平衡)。Yang 等开发了一个图文混排的杂志封面生成系统[5]。规则约束的界面智能设计是一个多学科研究主题,一般来说包括几方面内容:针对已有的图像素材进行图像间的组合与匹配,在此基础上增加文本信息,最后进行色彩搭配。下文将介绍每个阶段的相关工作,并简要将我们提出的方法和以前的工作进行比较。

为了解决原始图像和不同移动终端界面媒体大小标准之间的不匹配问题,需要调整图像大小以符合目标布局并保留重要区域(如人脸和显著对象),最直接的图像合成操作是裁剪。Kuhna 等[87]和 Yin 等的图像裁剪[88]是将自我定义的图片的重要区域最大化。另一种方法是,在一些基本的美学准则下进行调整,如三分法规则、对角优势和视觉平衡规则。Liu 等对图片进行放大或缩小以优化照片构图,实现图像剪裁[89]。此类方法通常突出显示图像中的重点对象部分并丢弃冗余部件。在某些情况下,显著对象可能位于图像中相对边缘或不明显的位置,直接裁剪或缩放可能导致这些显著对象的部分被剪裁掉。为了解决这个问题,Avidan 和 Shamir 提出了许多图像重定向技术,在不丢失重要对象的情况下调整图像的大小[90],以便调整基于内容感知的图像大小。他们还提出了图像分割法、图像拼接法和图像拉伸变形法,以解决图像合成问题。但是,这些方法通常会在创建图像的重要区域时导致扭曲和变形等现象。为了防止图像大小调整效果不自然,我们只单纯地采用图像裁剪和缩放来最大程度地保留图像的原始面貌。

与规则约束设计密切相关的问题是自适应,主要基于文本文档(如文章)的布局[91]。在这种情况下,模板的动态编程可以用于高效生成图文布局[92-94]。但是如何在各个不同的媒体中(如移动终端界面、杂志和报纸)确定文字和图像等信息的位置和大小仍然是一个挑战,因为其对信息感知和审美体验有显著影响。Jahanian 等[95]通过分析照片的视觉显著性区域,从而指导文本在杂志封面上的放置。另一个基本问题是需要通过部分文本设计推断整体结构。例如,确定标题、摘要和文档中的段落。一种常见的方法是基于自然语言的处理来解析文本,其中使用的参数是带有标签的文档[96]。Talton 等[97]提出了一种方法,通过学习语法规则来解析网页。与分析问题相关的是设计区域划分问题,Rosenholtz 等[98]使用界面的排列方向或轻重关系来划分用户界面和信息图形。设计人员经常使用网格式的设计方法以组织设计元素[99],Baluja 等使用基于网格分析的方法进行网页浏览[100],而 Krishnamoorthy 等则使用网格的方法分段[101],将日志页分割为不同的矩形的区块。

在某些商业演示文稿和文字处理系统中,逻辑信息的布局是最主要的。Lok 和 Feiner 基于调查问卷介绍了信息呈现的自动化布局技术[102]。在基于约束的自动布局系统中,最有效和最具代表性的研究是 Jacobs 等基于网格自适应的文档布局[103]。许多流行的自动编辑工具支持基于网格布局的模板,以相应地解决模板约束的自适应,如用户控制微软 Windows 演示的"FlowDocumen"。Jahanian 等[104]也介绍了约束布局的相关研究,该方法限制标题必须在页面的顶部,要求字体的类型要尽可能地适应页面的宽度。封面中文字的行数受到相应目标注意力的模板约束。另一种自动布局的方法是基于大数据机器学习的自动布局生成算法。Zhou 和 Ma 将机器学习空间划分为信息学习空间、视觉学习空间和规则学习空间,利用大数据引入了一个全自动的图形谱系系统[105]。在 Yin 等的研究中[88],把涉及文本和图形等元素的排版问题(包括文本位置、大小和颜色)视为最基础的优化问题。研究表明,优化自动布局的最有效的方式是基于美学规则和视觉感知的原则。我们基于这一理念开展工作,同时引入基于模板的约束方法,以确保优化结果的可靠性。

在界面设计呈现中,色彩设计是创造视觉吸引力的重要组成部分,色彩不和谐或色彩对比度不够,会导致无法区分的文本,进而影响阅读体验。许多研究都聚焦在色彩上来提升用户满意度。Munsell 介绍了在设计中被广泛接受的"Munsell 色彩系统"[106]。以这些色彩系统模型为基础，Tokumaru 等定义了八种类型的配色方案和十种色调分布[107]，这八种特定的色彩搭配模型被 Cheng 等开发成著名的色彩和谐计算模型[108]。在色彩空间中，除了和谐性以外，还试图在色彩模型中建立色彩和语义的联结，使得色彩本身反映用户的情感，从而提高阅读体验的生动性。早期的研究成果体现在彩色图像尺度上，其中 Kobayashi 和 Matsunaga 首先定义了三种颜色组合的色板与人类对图像的语义感知之间的关系，如"干净和清晰"或"动态和活跃"[109]。Havasi 等的研究发现，在人的心理认知范围内，有一种具有特定语义的色彩，例如"雪"是"白色的"[110]。实际上有许多基于大数据检索语义的在线色彩搭配设计服务。Kuhna 等的作品[111]侧重于自动数字杂志生成，包括杂志内容页面和杂志封面。这种用于杂志封面自动生成的解决方案很受欢迎，并应用于各种消费类软件产品，如 Flipboard。Jahanian 等的研究目标是为杂志封面做自动设计[112]，其基于用户选择的色彩情绪板进行自动设计，同时还可以基于用户的色彩喜好给用户推荐相应色彩风格的情绪板。因此，该研究提供了一组允许用户交互的设计。

2.4　智能设计应用

　　智能设计已有诸多应用场景，例如 Duplo 是 Flipboard 的排版生成引擎，针对每个尺寸，Duplo 有一系列不同图文大小、不同排版组合的模板。根据实际的图文内容，Duplo 会计算 density、图片占比等，最终通过智能算法选择一个合适的模板，算法中也考虑了图片重点区域的显示问题[113]。图 2-1 展示了 Duplo 根据感知重点区域进行排版的过程。

　　界面智能设计的另一个应用是阿里巴巴公司的鹿班智能设计系统，2019 年"双十一"期间，该系统设计了 11.7 亿张海报。该系统帮商家完成了 120 万次店铺装修、600 万次商品图片设计与投放，在这个系统中也加入了大量的人的信息及知识图谱。设计人员在进行设计时都会存在一些共性的东西，包括在色彩、复杂度、风格、结构上的应用，这与自然语言处理有些相似，但自然语言处理方面的知识图谱已经非常成熟，而设计上的知识图谱还需要不断探索打磨。在影响力方面，鹿班系统作为业界首创的 AI 设计系统，成为阿里巴巴集团"双十一"的一个 AI 协同典型案例，获得了大量的报道。其中还运用了对抗学习，该技术是 MIT2018 全球十大突破性技术之一。

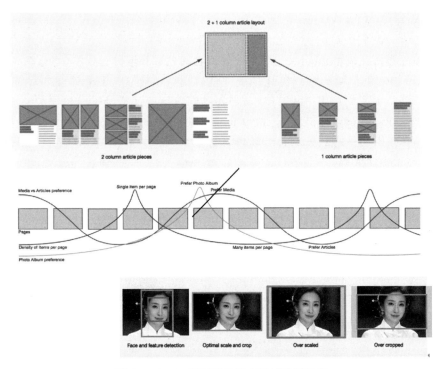

图 2-1　Duplo 根据感知重点区域进行排版

2.5　小　　　结

　　本章从用户界面设计特征、设计人员的界面设计体验和规则约束的界面智能设计方法三个方面出发,回顾了相关的历史研究。首先,针对用户界面设计特征,提出了界面设计中的交互性、一致性、个性化三个特征,并介绍相应的量化方法。这些特征不仅有利于智能用户界面设计模板的规则总结,也给设计人员提供了指导方向。其次,围绕设计特征,对设计人员在设计过程中的搜索设计示例行为做深入研究和探讨,了解设计人员的设计需求和现有设计工具的不足。最后,从设计人员的需求角度出发,探究智能设计工具的发展现状。在回顾历史研究的过程中,介绍了规则约束的界面智能设计模型的构建要素,并提出界面智能设计的三个阶段:(1)组成图像以匹配目标介质;(2)在叠加图像上输入文本;(3)为文本元素着色。这些研究均与本书的研究内容相关,可为本书研究提供有意义的参考。

第3章　移动终端界面设计特征与量化方法

　　移动终端用户界面的设计要素主要包括视觉表达设计和逻辑交互设计两个方面,能吸引用户眼球的界面设计是设计表达的重要组成部分,也是用户界面设计的重要目的之一。本章首先提出移动终端用户界面设计特征,从用户需求层面介绍每层设计特征的对象和内容。随后从用户界面设计的交互性特征出发,提出对设计具有指导性意义的用户吸引力维度的定义及量化方法。量化用户界面设计对视觉的吸引力是智能辅助界面设计研究的重要基础。

　　移动终端的界面设计原则应当基于场景、环境、文化和用户的心理认知进行自适应,通过人的自然行为与机器进行交互。基于这一特点,移动终端的动效设计不仅可以为用户带来易学易懂易用的操作方式,而且通过动效设计可以提升人与智能手机的自然交互体验,这也是贯穿界面设计的重要纽带。

3.1　移动终端界面设计特征模型

　　设计特征是移动终端界面设计的一种视觉表达形式,直接影响着设计的视觉呈现效果。本书提出了用户角度的界面设计特征模型,以支持界面设计特征模型的构建与界面智能设计的研究。从底层到顶层的特征依次是用户对移动终端界面设计的基础需求、功能需求、高级需求,与之相应的特征分别为一致性特征、交互性特征和个性化特征。最下层的一致性特征是用户界面设计的最基本原则,因此普适于所有界面设计;交互性特征属于界面设计的功能分类,阐述了用户界面在实用功能方面如何满足用户的需求;个性化特征属于用户的高级需求。特征的层级越高,越依赖于人的情感化需求和主观认知,对界面设计的个性化特征要求也就越高,也越难进行客观量化。

3.1.1　一致性特征

　　一致性特征指同类用户界面设计风格、动效保持一致。一致性特征是使整个系统自洽的重要手段,无论从逻辑上还是从形式上,一致性都是设计中必须考量的。其中动效作为贯穿整个系统始终的、具有连接各部分作用的元素,其一致性显得尤为重要。保证同类动效一致且符合逻辑,将带来更流畅和清晰的用户体验,反之则会给用户带来困惑和较高的学习成本。界面的一致性特征也包含用户操作的流畅性,这里的流畅性基于客观上动效和系统的不卡顿,我们在这里所讨论的流畅是客观指标达成流畅标准之后,不同的界面通过用户界面的平面设计和动效设计带来的一致性的不同,从而满足使用上的一致性。

例如在 EMUI 5.0 版本中,设置菜单下拉和上滑至边界时的无反馈和材料感,这与用户在物理世界中的真实感受不相符。物体的运动往往具备惯性和缓冲,物体不会迅速地停止或者开始移动,例如刹车后仍然能够滑行一段距离。失去这种缓冲动效将给用户带来较严重的僵硬感和骤然结束的不适感,对于用户来说,没有惯性的操作更倾向于异常情况,比如卡顿、延迟等。但从某些入口进入的菜单,如闹钟设置在下拉和上滑至边缘区域时却有一定程度的缓冲,同理在闹钟界面中,闹钟和秒表的拖动也是前者有反馈而后者无反馈。因此在这一用户界面的设计上,EMUI 是不一致的,没有惯性部分的动效体验较差。

一致性需要界面设计具备合理的物理映射,用户界面动效曲线的缓入和缓出、跟随和重叠都需要遵循这一原则。跟随通常出现在一个动作终止之前的一段时间内。我们知道,物体不会迅速地停止或者开始移动,这与曲线有关。而与此同时,应考虑与用户的交互时一些动效将在操作终止时仍然进行,例如扔一个球,在球出手后,手依然在移动。对应界面而言,当一个界面中有多个元素,特别是元素之间相对独立时,元素之间应当存在微妙的跟随效果。重叠意味着连续的两个动作在效果上会有一定时间段的重合,这样可以形成连贯性,以吸引用户的注意力。时间对于动效而言是重大影响因素之一,因此时间的变化对于动态效果的差异影响很大。而我们通常所说的时间,当运动距离确定时,给用户的感官体验将很大程度体现在速度上。在现实世界中,物体总存在一定的加速度,往往需要在运动起始时加速,结束时减速,因此使用曲线运动规则能够使元素的运动变得更加自然。此处的动效设计符合物理世界规律,物理隐喻能够让用户在无障碍理解的同时给用户带来惊喜。时间方面,此处动效设计先慢后快,类似于先给用户一定的反应时间,后迅速结束此状态,符合用户刚刚解锁手机后的心理预期,即需要一点点反应时间但很快要进入下一状态,即操作手机的状态。

一致性特征还包含符合用户的预期原则。在动效展现之前,我们需要给用户时间或暗示让他们预测一些要发生的事情。这种提前给出提示的手法能够在最短时间内让用户掌握规律,降低学习成本,同时也将使动效流畅感加强。完成预期的其中一种方法就是使用我们上述的缓入原则。物体朝特定方向移动也可以给出预期视觉提示,例如界面中的一个元素从右向左展现时,我们就知道它在左右方向上是可动的,向左滑动可能使其消失等。

3.1.2　交互性特征

交互性特征指能够有效地描述用户界面各个组件之间的逻辑关系,引导用户操作,同时通过视觉效果可视化地描述用户界面组件当前的运动状态。通常能够让用户清晰地感受到物体用户界面之间的关系以及信息的层级架构。具体主要体现在以下三方面:

首先,用户界面的交互性特征表现在给用户提供明确的视觉提示,引导用户的交互行为。例如当用户打开一个博文系列时,带有文章的卡片就从屏幕的右侧出现,用户就可以知道要水平地滑动来浏览这些卡片。元素的运动轨迹在用户与界面互动时起到重要的指向作用,合理的运动轨迹将降低交互的学习成本。转场是用户界面动效的重要组成部分,但其中背景的作用容易被忽略,运用背景运动营造更加整体的视觉提示能够增强指向性。

其次,用户界面的交互性特征阐述元素的逻辑层级及其交互关系。动效承担着描述界面的各个部分并阐明其交互关系的重要功能,每一个动效都有其存在的意义。例如,一个菜单弹出的动效设计。在用户单击一个App 时,这个菜单应当从用户点击的位置直接弹出来,而不是从屏幕下方或者其他随意的方向出现,这样就能够给用户以操作上的指示,易于快速建立用户与实用的系统的逻辑联系,用户也能更快地熟悉这个虚拟环境。因此,动效应当承担阐释元素之间的逻辑层级以及相互关联的作用,让用户以最低的学习成本来理解界面之间的逻辑层级结构和元素之间的互相对应关系,这对于移动终端用户界面来说是至关重要的。

最后,应尽可能地和用户产生精准的互动。在指向作用方面,动效除了整体给用户以方向性质的引导和指示之外,其更高层的目的是与用户互动并产生共鸣,而动效能够提供的指向越精准,用户也就越能产生深层的共鸣,这能够给用户带来明确且与产品更加融合的体验。当用户界面动效和用户的操作之间呈现出互补趋势,两者共同促成交互时,明确的指向性能够在提高参与感的同时形成正向循环并增强用户体验。

3.1.3　个性化特征

　　用户界面的风格特征是用户对图像的主观感受,不同风格特征可以给予用户不同的感知体验[114],个性化特征是用户的高级需求,因此用户界面设计应注重情感化,让用户界面具有情感。好的用户界面能够唤起用户积极的情绪反应,这种积极的情绪一方面基于基础需求被满足,例如平滑流畅的滚动操作带来的舒适感;另一方面有效动作的执行往往能带来令人兴奋的愉悦感,进而加深用户对产品的印象。而基于更高层的精神需求,用户会因为更加吸引人的、有趣的用户界面而投入更多的积极情绪。例如 Gmail iOS 客户端上的开启动画弹出动效先减慢,甚至于有些骤停感,再温和而迅速地弹出,这符合人们对于现实物理世界的认知,同时显得十分活泼生动。好的具有情感化的用户界面往往具有细腻微小的变化,同时伴有一定的复杂度。需要特别指出的是,这种类型的用户界面在手机端需要谨慎应用,因为这类用户界面往往因缓慢或华丽而吸引用户注意力,过多的带有明显情感化的动效会使整体使用流程冗余。

　　适当使用有趣的用户界面。在功能性的基础上加入有趣的动效,将能更加持续地吸引用户,增加用户黏性。恰当地使用有趣的动效可以为产品锦上添花,别具一格的动效能够增加品牌的识别度,有趣的动效能够成为品牌的一部分,甚至提升品牌价值。例如,iOS 系统中长按应用卸载时图标抖动。长按需要卸载的应用时,桌面上的所有应用图标都会进入原地抖动状态,抖动规律不完全一致,此处的设计也是为了避免完全一致的规律化抖动给人带来的机械感。图标的抖动符合情感化设计,整个画面看起来趣味十足。一种有趣的解释是,图标在得知自己将要被卸载时感到“害怕”,从而“浑身发抖”,同时抖动的状态给人一种不确定性,符合这一场景的含义。

3.2　交互性特征与量化方法

3.2.1　交互性维度定义

　　移动终端的交互性特征是指用户在使用移动终端设备时,从看到页面的瞬间开始,在展示面积相同的情况下,用户的注意力会按照一个特定的顺序依次被吸引:动态—颜色—形状[115]。在此,我们量化的交互性特征是由注意力引起的用户的交互行为。

当用户打开一个界面时,注意力会最先被动态的物体吸引;当界面呈现静态时,用户的注意力会转向界面色彩对比强烈的地方;最后吸引注意力的是形状。这种对于视觉吸引力的排序是人在进化过程中形成的本能反应,所以对大多数用户具有普适性。另外需要注意的是,用户在一定时间和一定场景下的注意力是有限的,而且会随着时间的增长而逐渐减少。如果一段动效出现在了不合适的时间或位置,用户很可能在看完这一段动效之后,耐心用尽,失去对下一个关键界面或动效的兴趣。因此,动效的出现一定要吸引用户的关键注意力。动效对用户的吸引力强度可以分为两个核心维度,动效的展现面积与持续时间。展现面积越大,动效持续时间越长(包括单一动效与复合动效),用户注意力越能够被吸引并持续[115]。

3.2.2　交互性特征量化

在用户和界面交互的过程中,常常会有引导用户注意力到某一点的需求,这时,利用突出显示型的动画效果可以很好地达成这个目的。突出显示型动效一般是为了突出当前用户界面的某一个控件或者某一部分内容而设计的动态画面效果。一般有两种思路,一种是给突出区域加上突出型动效,例如放大、闪烁等;另一种是把突出区域以外的区域加上减弱动效,比如降低不透明度或者降低饱和度等。实验中,我们测试了 10 种不同的突出显示型动效,根据动画效果对视觉吸引程度的强弱对它们的突出显示的功能性进行了测量和排序,这样,设计人员就可以根据当前信息和突出显示的需求程度来选择合适强度的突出显示型动效。

先前的研究表明,视觉注意力的转移一般可以分为两类,一类是当前行为目标引导的,另一类是视觉刺激引导的[116]。因为用户在使用手机的时候常常是存在既有交互工作流的,注意力的转移一般由行为目标引导,而该实验就必须排除行为目标引导的因素,单纯地比较视觉刺激的大小,所以该实验的可行性基于人的视觉注意力的转移,可以独立于当前的行为目的和认知[116]。这就说明,用户的注意力是可以被动画效果引导的,只是需要用合适的方式来引导,这就更加需要设计人员根据用户当前的交互情境加入程度适当的突出显示动画效果。每一种突出显示的动画效果本身可以靠参数的不同来调整程度,例如调整缩放效果的尺寸极值,但是在考虑这个问题之前,设计人员一般会先考虑从常用的突出显示动画效果中选择一个合适的,这时就需要一个可供参考的量表来辅助设计。

3.2.3 特征量化方法

测量方法基于"单例模式"测量搜索任务。单个搜索任务的特征在于,只有一个搜索选项具有与其他选项不同的特征,并且可以很快找到它,例如在一堆灰色对象中找到一个红色对象。任务的主要度量标准是完成搜索所用的时间,并添加了动态效果以辅助或干扰搜索,同时比较了不同参数下的测量结果。

本书以字母为例,测量对象可以是任何图形或动态运动效果。我们设计了一个搜索任务,其中项目之间没有关联,以减少预测的可能性。也就是说,任务中的事件保持随机,并且它们之间没有任何联系,使得参与者无法预测事件。在每个任务中,参与者需要从候选项目中找到目标,并且任务中只有一个候选项目会发生状态的更改,参与者需要从所有选项中选中状态发生改变的候选项目。在一般的单个搜索任务中,由于可以粗略地预测搜索目标,因此参与者可能会忽略发生改变的候选项目。在我们的任务中,任何一个候选项目都有可能发生状态更改,有可能成为搜索的目标,因此参与者不会因为目标的预测而忽略视觉注意力。

参与者的搜索优先级主要由反应时间 RT 的斜率 k 随候选项目数的变化来反映。通过比较击中和未击中情况的斜率 k,可以判断动画效果如何影响对象的搜索行为,并通过计算获得分数。该分数主要综合了动画效果的两个方面:一个是动画效果的视觉吸引力,另一个是动画效果是否影响目标项目的识别。一般来说,随着候选者数量的增加,反应时间 RT 也将增加,但是在添加了动画效果后,参与者的反应过程将受到影响。

Kmissing36 表示当候选者从 3 变为 6,且动态效果是干扰时响应时间的斜率;Khit36 表示当候选者从 3 变为 6,且动态效果是辅助时响应时间的斜率。Kmissing68 表示当候选者从 6 变为 8,且动态效果是干扰时响应时间的斜率;Khit68 表示当候选者从 6 变为 8,且动态效果是辅助时响应时间的斜率。

3.3 特征量化实验

3.3.1 实验设置

抽样:42 名清华大学在校生,年龄分布在 20~30 岁,裸眼视力或矫正视力正常,每一名被试完成实验后可以获得 50 元补贴,整个实验的时间在

20 分钟左右。

　　实验设备：实验用 HUAWEI P10 作为被试的任务工具，屏幕大小为 5.1 英寸，分辨率为 1920 * 1080，Hisilicon Kirin 960 处理器，运行内存 4GB，Android 版本为 7.1，EMUI 5.1。被试进行实验的时候，眼睛和屏幕的距离为平均 32.2 厘米（范围从 19 厘米到 60 厘米）。另外，我们还对部分被试的实验增加了眼动仪来记录被试视觉关注点的变化，眼动仪是 SMI 眼镜式眼动仪，型号为 ETG 2w，采样率为 120 赫兹，眼动数据采集和处理则采用了 BeGaze，版本号为 3.6.52，眼镜式眼动仪可以为近视的被试加装近视镜片，以减少实验误差。

　　软件：利用 Android SDK 中的 Property Animation 模块开发了一个实验用的软件。在软件中，可以进行设计好的单例搜索任务。对于每一次任务，都可以设置相应的实验参数，10 种突出显示动效类型为缩放（scale）、旋转（rotate）、颜色变化（color）、不透明度变化（fade）、模糊（blur）、变暗（darken）、三维翻转（flip）、边缘发光（glow）、三维深度变化（change depth）、饱和度变化（gray out）。这 10 种动效都源于 ui-motion 网站中列举的常见突出显示动效（highlight），在 setting 界面中用 PRE 按钮和 NEXT 按钮来切换；3 种候选项数量——3 个，6 个，8 个，在 setting 界面中调整 MODE 来切换；0～100% 突出显示动效击中目标项字母的概率，在 setting 界面中滑动 hit 滑动条来调整；100～3000ms 的动效周期时长，实验中设定缩放和旋转是 1000ms 的时长，其他动效是 2100ms，在 setting 界面中滑动 Dur 滑动条来调整。另外软件还可以自动在后台记录实验数据，并生成统计图表。在任务界面中有一个隐藏的九宫格，根据设置的候选项数量会有不一样的九宫格布局。3 种候选项数量是 MODE_3V、MODE_6V、MODE_8V，分别表示 3 个候选项、6 个候选项和 9 个候选项。如果把九宫格从左往右、从上至下标记为 1～9 的话，那在 MODE_3V 下，候选项会出现在 2、4、6 的位置；在 MODE_6V 下，候选项会随机出现在 1、2、3、7、8、9 或者 1、4、7、3、6、9 的位置；MODE_8V 下则是占满除中央处的 8 个位置。界面的布局需要满足一个最重要的原则，就是所有位置的候选项自身的搜索优先级都相同，像第一个迭代版本中采用了 9 个格全占的布局，后来在眼动仪的记录中发现被试习惯优先注视中央位置的格子，形成了自带的优先级。候选项从候选字母集合中随机选取，集合包括 8 个字母 A、C、E、F、O、P、S、L；另外，目标字母为 U 或者 H。字母的颜色为草绿色，RGB 色值为 ♯99cc33，选用这个颜色的目的是在保持成像清晰的情况下减轻被试的视觉疲劳。所有的候选项在每一次任务中,U 或者 H 都会随机出现其中的一个,且两个目标项出现概率相等,其他的候选项则从集合中随机选取,集合中每一个候选项字母出现的概率也相等。同时,每一个候选项字母出现的位置也是随机的。在候选项字母出现之前,会显示遮罩占位符来表示之后会出现候选项字母的位置,遮罩占位符由数字 8 来表示,所有的字母以及遮罩占位符都使用QuartzEF 石英字体,每一项都可以由 7 个位置固定的部分的显示隐藏来表示,这样数字 8 就可以遮盖所有的候选项字母。在候选项字母出现之后,九宫格布局的下方会有两个按钮——U 和 H,被试在候选项字母中找到目标后点击相应的按钮。实验软件主要任务界面见图 3-1。

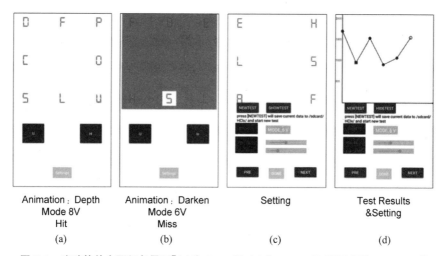

Animation:Depth Mode 8V Hit	Animation:Darken Mode 6V Miss	Setting	Test Results &Setting
(a)	(b)	(c)	(d)

图 3-1　实验软件主要任务界面[(a)为 depth 组,(b)为 darken 组,两图都为 MODE_8V]
(a)击中状态,字母 U 会不断升起落下;(b)未击中,字母 H 处于阴影中;
(c)实验软件设置实验参数界面;(d)测试结果与设置

scale 动画的周期为 900ms,被击中的目标会按照周期放大缩小;rotate 动画的周期为 900ms,被击中的目标会按照周期左右晃动;color 动画的周期为 2100ms,被击中的目标会在周期中按照 S 曲线不断变化颜色,软件中被击中的字母变成红色;fade 动画的周期为 2100ms,没有被击中的其余项会渐渐减小不透明度直至消失,又随周期逐渐出现;blur 动画的周期为 2100ms,没有被击中的其余项会渐渐失去焦点,又随周期逐渐清晰;darken 动画的周期为 2100ms,没有被击中的其余项会渐渐变暗,又随周期逐渐出现;flip 动画的周期为 2100ms,被击中的目标会周期进行三维翻转；glow 动画的周期为 2100ms，被击中的目标会随周期边缘发光，在软件中是发出和字母相同的绿光；change depth 动画的周期为 2100ms，被击中的目标会随周期升起落下；gray out 动画的周期为 2100ms，没有被击中的其余项会渐渐失去饱和度，又随周期逐渐恢复颜色。图 3-2 为以上动画的示意图（软件中实际没有采用方块，而是加入了可供被试区别对象的字母作为符号）。

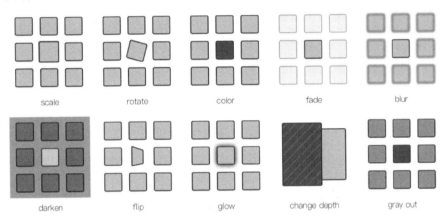

图 3-2　软件中动画效果的示意图

3.3.2　特征量化实验过程

对于每一次单例搜索任务，需要进行参数设置，根据固定的顺序设置参数，引导被试进行任务，参数设置由主试协助完成。所有任务的突出显示动效击中目标字母的概率为 40%。MODE_3V 模式下进行 4 次实验，MODE_6V 模式下进行 5 次实验，MODE_8V 模式下进行 6 次实验。每一位被试都需要进行编号，奇数号被试按照表 3-1 中双线左侧的任务顺序执行，偶数号被试按照表 3-1 中双线右侧的任务顺序执行，这两种顺序正好相反，这样的实验分组可以抵消熟练度误差。设置好任务之后，被试先点击开始按钮，1300ms 之后，遮罩占位符被替换成候选项字母，同时候选项字母中的某一个会加上设置的突出显示动画效果。被试在所有候选项字母中找到目标字母是 U 还是 H，并点击下方的按钮完成这次任务。软件后台会记录下被试的反应时间（Response Time，RT），同时也会记录下此次任务中被试点击的按钮是否正确、动画效果是否击中目标字母；部分被试还加装了眼动仪，记录视觉焦点，这可以追踪整个任务中的焦点路径，便于我们分析被试的行为细节,另外眼动仪还可以记录眨眼次数,双眼瞳孔直径,利于我们分析被试在整个实验过程中的注意集中程度。在这个过程中,为了提高实验效度,每一种突出显示动效的动画周期并不是简单地保持一致,而是根据其最常见的形态单独设置,详细的设置见表 3-1。另外,遮罩占位符消失之后,所有的动画效果都是从动画周期中的 0 时刻开始的,也就是说,必须杜绝任何突然变化,所有候选项初始都是相同的状态,然后其中的一个候选项才开始变化。任意两次任务的间隙都可以让被试适当休息。

表 3-1　被试任务顺序参照表

记录文件	奇数号被试/Dur	模式	偶数号被试/Dur	模式
1	scale 缩放/900ms	MODE_3V	gray out 饱和度变化/2100ms	MODE_3V
2		MODE_6V		MODE_6V
3		MODE_8V		MODE_8V
4	rotate 旋转/900ms	MODE_8V	change depht 三维深度变化/2100ms	MODE_8V
5		MODE_6V		MODE_6V
6		MODE_3V		MODE_3V
7	color 颜色变化/2100ms	MODE_3V	glow 边缘发光/2100ms	MODE_3V
8		MODE_6V		MODE_6V
9		MODE_8V		MODE_8V
10	fade 不透明度变化/2100ms	MODE_8V	flip 三维翻转/2100ms	MODE_8V
11		MODE_6V		MODE_6V
12		MODE_3V		MODE_3V
13	blur 模糊/2100ms	MODE_3V	daken 变暗/2100ms	MODE_3V
14		MODE_6V		MODE_6V
15		MODE_8V		MODE_8V
16	darken 变暗/2100ms	MODE_8V	blur 模糊/2100ms	MODE_8V
17		MODE_6V		MODE_6V
18		MODE_3V		MODE_3V
19	flip 三维翻转/2100ms	MODE_3V	fade 不透明度变化/2100ms	MODE_3V
20		MODE_6V		MODE_6V
21		MODE_8V		MODE_8V
22	glow 边缘发光/2100ms	MODE_8V	color 颜色变化/2100ms	MODE_8V

续表

记录文件	奇数号被试/Dur	模式	偶数号被试/Dur	模式
23		MODE_6V		MODE_6V
24		MODE_3V		MODE_3V
25	change depth 三维深度变化/2100ms	MODE_3V	rotate 旋转/900ms	MODE_3V
26		MODE_6V		MODE_6V
27		MODE_8V		MODE_8V
28	gray out 灰度变化/2100ms	MODE_8V	scale 缩放/900ms	MODE_8V
29		MODE_6V		MODE_6V
30		MODE_3V		MODE_3V

3.3.3　数据处理与结果

在这里,我们定义响应时间 $T = T(n, s, Ani)$。n 是字母总数;s 是动画状态,分为命中和未命中;Ani 是动画类型;T 表示在特定条件下所有测试的平均响应时间。例如,$T(3, \text{hit}, \text{scale})$ 表示在所有测试中记录的平均响应时间,其中所测试的动画为比例,搜索任务中的三个项目,动画击中目标字母。

随着搜索任务中字母的增加,响应时间的变化主要反映了动画的可察觉性。因此,我们还定义了 k 值[见式(3-1)]:

$$k(n_1, n_2, s, Ani) = \frac{T(n_2, s, Ani) - T(n_1, s, Ani)}{n_2 - n_1} \quad (3\text{-}1)$$

随着字母数量的增加,响应时间通常会增加。动画的缺失被认为会分散参与者寻找目标字母的注意力,因为不相关字母上的动画会引起人们的关注。因此,当动画缺少目标时,随着字母的增加,响应时间将比平时更长。相反,当击中目标字母时,动画将参与者的注意力迅速引导到正确的位置,因此响应时间更短。因此,我们认为[见式(3-2)]:

$$\text{Notice ability} = k(n1, n2, \text{miss}, Ani) - k(n1, n2, \text{hit}, Ani) \quad (3\text{-}2)$$

由于响应时间是平均值,因此在计算"注意性"时,我们将 ANOVA 的 p 值作为 k 值的权重。具体地说,$p(n1, n2)$ 表示搜索任务中两个条件之间的平均响应时间差的意义:$n1$ 个字母和 $n2$ 个字母[见式(3-3)]。

$$
\begin{aligned}
\text{Notice ability}(Ani) = & (k(3,6,\text{miss},Ani) - k(3,6,\text{hit},Ani)) * \\
& (1 - p(3,6)) + (k(6,8,\text{miss},Ani) - \\
& k(6,8,\text{hit},Ani)) * (1 - p(6,8)) + \\
& (k(3,8,\text{miss},Ani) - k(3,8,\text{hit},Ani)) * \\
& (1 - p(3,8)) \quad\quad\quad\quad\quad\quad (3\text{-}3)
\end{aligned}
$$

我们使用 C. NET 库中的 Microsoft. Office. Interop. Excel 进行数据分析。表 3-2 中列出了不同任务条件的分布。由于参与者单击了错误的按钮或响应时间超过 3000ms，因此排除了 82 个任务记录。基于 k 值的 ANOVA 检验，我们发现了条件（淡入淡出，k68）、（淡入淡出，k38）、（翻转，k36）、（翻转，k38）和（颜色，k38）在命中和缺失之间的显著差异。

在经过测试的动画中，淡入度是最引人注目的动画，其可见度为525.83。淡入度、变暗、旋转、模糊和辉光的可见度为正，其他则为负。结果表明，测试中的 45 变灰、缩放、翻转、颜色和深度使参与者无法进行目标字母搜索。

表 3-2　平均响应时间，k 值，p 值和显著性

animation	target	response MODE_3V	time(avg) MODE_6V	MODE_8V	k value k36	k68	k38	Notice ability
fade	Hit	1017	1412	1125	395	−287	108	
	Missing	1132	1142	1419	10	277	287	
	p				0.565	* 0.077	** 0.035	525.83
darken	Hit	1030	1264	1175	234	−89	145	
	Missing	1228	1412	1539	184	127	311	
	p				0.804	0.633	0.5	152.47
rotate	Hit	963	1177	1055	214	−122	92	
	Missing	1164	1275	1448	111	173	284	
	p				0.204	0.715	0.242	147.62
blur	Hit	1126	1154	1319	28	165	193	
	Missing	1224	1349	1467	125	118	243	
	p				0.504	0.643	0.228	69.93
glow	Hit	1024	1360	1184	336	−176	160	
	Missing	1268	1241	1387	−27	146	119	
	p				0.583	0.503	0.978	7.76
gray out	Hit	1099	1280	1335	181	55	236	
	Missing	1280	1171	1335	−109	164	55	
	p				0.87	0.519	0.623	−53.51

续表

animation	target	response time(avg) MODE_3V	MODE_6V	MODE_8V	k value $k36$	$k68$	$k38$	Notice ability
scale	Hit	1198	1154	1177	−44	23	−21	
	Missing	1469	1415	1404	−54	−11	−65	
	$p(k)$				0.113	0.389	0.32	−59.56
flip	Hit	1111	1220	1187	109	−33	76	
	Missing	1299	1407	1299	108	−108	0	
	$p(k)$				** 0.015	0.639	** 0.027	−102.01
color	Hit	998	1136	1334	138	198	336	
	Missing	1367	1385	1615	18	230	248	
	$p(k)$				0.204	0.926	* 0.09	−173.23
depth	Hit	1026	1489	1375	463	−114	349	
	Missing	1176	1133	1409	−43	276	233	
	$p(k)$				0.11	0.187	0.633	−175.84

　　假设的各组数据趋势应当是：对照组中，随着字母候选项数量的增加，反应时间的变化应该接近线性增加；未击中组中，反应时间的变化接近对照组的反应时间变化，但是反应时间应该会大于对照组，因为未击中的动画效果会形成一定程度上的干扰；击中组中，反应时间几乎不随字母候选项数量增加而增加，斜率 k 接近于 0。但是由于动画效果本身还会产生不同程度的干扰，所以最终的实验数据并不完全符合预期。反应时间 RT 均值实验数据如图 3-3 所示。

　　在图 3-3 中可以发现一些和预期不符的数据集，例如在 fade 组、glow组、depth 组以及 gray out 组中，候选数量为 6 的时候，击中情况下的反应时间均值是要大于未击中情况的，这有两个可能的原因：一是击中情况下动画效果模糊了目标项原本的边缘，影响了被试的识别；二是击中时，被试会形成怀疑心理，反而需要增加一段确认时间。无动效的对照组实验均值也明显低于未击中组，有时候甚至会低于一部分动画效果的击中组，这也是怀疑心理造成的。所有的击中情况都有可能造成怀疑心理，即击中情况下的反应时间 RT 均值被整体抬高，但是我们之后计算结果用的是斜率，所以不会造成误差。

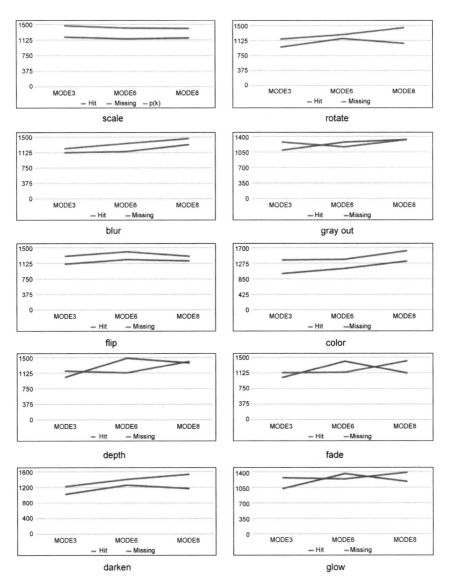

图 3-3　反应时间 **RT** 均值实验数据（见文前彩图）

3.4　结果分析与讨论

我们的研究为设计人员提供了一种用于评估移动用户界面动效的吸引力程度的设计工具。设计人员可以采用这种方法对他们的原始动效设计对用户的吸引力程度进行研究。测量以"Va Valu"为标准的十个动效的吸引力程度，可以指导设计人员更精准地使用用户界面动效。

我们将此项设计辅助工具的研究视为迈向以更加系统化的框架来评估移动用户界面动效的一步。借助此方法，未来的研究人员能研究更多种类的动效和更多的参与者，以更高的可靠性收集更多动效的"Va Valu"，以此构建一个全面的框架来量化每个动效吸引注意力的程度。设计人员可以根据"Va Valu"的测量结果快速选择合适的动效设计，这将大幅提升用户界面动效设计的效率。此外，这项研究还为移动用户界面动效的可用性测试提供了一种新的测试方法。用户界面设计人员一旦创建了一个或多个动效，就可以使用我们研究中提出的方法对它们进行可用性测试，并比较测试结果，形成设计参考意见。尽管常规的可用性测试依赖于访谈、观察或调查，但所有这些方式都涉及参与者或多或少的主观反馈。而通过"Va Valu"来衡量可用性，得到的结果更加客观，可以节省大量的时间，同时这种方法也为用户对用户界面动效的反馈增加了一个客观的量化维度，从而增强设计人员对用户界面动效视觉吸引力的理解。

除了移动用户界面动效之外，在其他设备（例如 Web 应用程序和 VR 设备）的用户界面中还存在其他形式的动效。我们期望我们的方法能够增强对这些动效的未来研究或可用性测试，并最终促进相关的用户界面设计。尽管目前我们研究中的移动用户界面动效和相关的测量实验均来自 Android 操作系统，但未来我们会将此方法推广到其他平台，如 iOS 等。

本研究还存在很多局限性。这项工作已经得到了一系列的测量结果，说明了不同强度的视觉变量对不同动效的识别性和有效性，但是仍然有很多机会可以扩展并发现不同的动效，用更多数量的动效和更多形态的视觉变量来完善此实验方法。例如，该实验使用控制变量的方法，仅使用字母"U"或"I"代替图标，因此实验结果不能等同于实际设计方案，因为动效对用户的可感知性受许多情况的影响，例如用户本身的利益关注点。用户的可感知性通常可以定义为与数字系统进行交互时用户在认知、情感和行为等方面的投入水平[117,118]。虽然根据我们的方法得出了一些实验结果，但我们并未通过真实的动效对这个方法进行验证，我们可能会根据实际情况来帮助设计人员在实际设计方案中验证其有效性。这项工作可以改进的另一个方面是增加除了我们研究中使用的八个动效以外的动效数量，因为我们的测量方法是从两个动效增加到八个动效以进行测量和比较,但两个动效和八个动效之间的数量级差异较小,对用户的影响很小。这项工作的重点是对移动界面中动效对用户的吸引力进行定量测量,并从相对较小的样本量中获得结果。我们的研究样本仅为校园用户,样本量有限且所有样本都是同一地点的在校学生,可能会给调查结果带来偏差。为了统计调查结果的更多细节,我们将来需要对更多的不同年龄、不同身份的参与者做进一步的定量研究。

除此之外,研究结果在推广上可能受到限制。本研究主要集中于测量用户如何注意到移动界面上的动效。所获得的"Va Valu"是相对值,并且没有绝对目标值的参考。未来的工作应该将用户对动效的理解与评估付诸实践,有完备的量表以进行度量开发,特别是考虑如何更好地帮助设计人员设计适当的动效。用户界面动效在移动用户界面设计中已经被广泛使用,但是尚不清楚如何利用动效提示功能的显著性,以使界面设计人员通过动效设计迅速将用户的注意力吸引到重要的信息对象上。也许可以通过各种不同的视觉刺激(包括颜色、形状、大小、运动、亮度和闪烁)来实现这种效果。但是,这些效果的不同强度又是如何引起用户注意的,还需要研究人员更好地理解和精确量化。在本书中,我们比较了十种引人注目的动效的效果,使用各种视觉变量来检查动效提示的强度,调查用户的注意力程度并对其进行量化。我们提出了一种定量方法来测量先前研究未涵盖的移动用户界面中动效的可预见性,并指出了未来研究的可能方向。先前的工作强调了不同专业水平的设计人员在设计工具的使用上因人而异[119]。我们推测,与专家相比,新手将更依赖于我们的工具。如果有更多人使用我们的工具来研究此类用户的行为差异,那么可以指导我们研究更多的设计辅助工具以支持专家和新手设计人员的用户界面设计工作。

3.5　小　　结

本章从移动终端界面设计的设计特征出发,介绍了相关的设计特征量化方法,提出了层次化的界面设计特征模型,从用户需求层面介绍了每层设计特征的对象和内容。随后从用户界面设计的交互性特征出发,提出了对设计具有指导意义的定义及量化方法。抽象并总结了常用的十种用户界面动效,利用用户实验的方法量化了这十种用户界面动效对用户吸引力的绝对值,并得到了量化公式。我们的工作旨在通过定量方法来测量用户如何在移动界面上注意到用户界面设计。本章详细展示了如何使用定量方法来测量用户界面动效的可察觉性,从而为设计人员提供检查用户界面动效设计的针对性方法。以上界面设计特征是本书研究的基础,也为后续界面智能设计模型的构建与界面设计学习提供了可靠的理论依据。

第4章　移动终端界面设计体验研究

移动终端用户界面设计人员的设计体验在设计过程中至关重要,设计人员的设计体验直接影响设计效率。了解设计人员的设计需求和他们在不同设计阶段的设计工作,能够为研究智能辅助设计工具提供方便,支持设计人员工作,提高生产效率。在本章中,我们对移动终端 UI/UX 设计人员(12 名专家和 12 名新手)进行了定性的访谈,推导了设计人员在设计实践中的共性,并分析不同经验背景的设计人员在四个设计阶段(发现、定义、开发和交付)可能存在的差异。同时,进一步确定设计人员在界面设计时使用现有设计工具面临的挑战,为未来开发更多智能辅助性设计工具提供重要依据。此外,有必要深入探讨移动终端用户界面设计人员的具体实践,以发现更好的智能辅助设计工具的开发机会。

4.1　设计体验定性研究方法

4.1.1　设计体验研究意义

在面对移动设备时,用户界面设计人员的目标是针对移动设备的内容、功能和应用程序为移动用户创造良好的交互体验。为了更好地完成设计任务,移动用户界面设计人员经常通过搜索设计示例(例如图形元素和交互逻辑)[66]来激发灵感、重新解释用户界面定义和评估设计想法[120],这也是其他领域的设计人员常常采用的方法[121]。尽管新兴的在线设计存储平台(例如 Dribbble1、Behance2 和 Plicent3)在搜索、编辑和共享在线设计资料[122]方面比以往更简单易用,但移动用户界面设计人员在收集、存档和使用示例的过程中仍然会遇到许多问题。一个在搜索示例时经常遇到的问题是,搜索到的设计案例无法知道其来源,比如无法确认某个设计案例是网页设计人员的作品还是产品设计人员的作品[66]。移动用户界面设计人员不仅在设计示例管理过程中可能会遇到与其他领域类似的障碍,还面临着移动用户界面设计的特殊性所带来的额外的挑战,比如案例形式因素和交互方式因素[77]。

　　因此,有必要深入探讨移动用户界面设计人员的具体实践,以发现更好的技术支持设计实践的机会[81,123]。在本章中,我们寻求更深入地了解移动用户界面设计人员应用设计示例的定义和应用示例的方式,以及他们对现有在线设计案例存储库的使用体验。更有意思的是,不同设计专业知识背景和不同级别的设计人员在不同设计阶段的表现可能有所不同。先前的人机交互(HCI)相关领域研究表明,设计熟练程度会影响设计人员对待示例的方式。例如,与新手相比,专家设计人员相对较少依赖设计示例[75],当出现与预期设计任务不太相似的设计示例[124]时,可以唤起设计人员的大量创意。但是,专业知识涉及的其他素质(如在项目团队中的角色)对移动用户界面设计人员的设计示例管理行为的影响,以及这种影响如何跨越不同的设计阶段来进行传播,我们知之甚少。简而言之,我们旨在探讨设计人员的示例管理实践如何在整个移动用户界面设计过程中演变,以及专业的设计知识如何在设计实践过程中发挥作用。为此,我们采访了 24 名设计人员,包括 12 名专家和 12 名新手,比较了他们在四个设计阶段(即发现、定义、开发和在双钻石模型[123]中引入的交付中识别、收集、归档和使用示例的方法,以总结并提取其相似性和差异性。由设计委员会开发的双钻石模型是设计界中常用的经典设计模型,它对四个设计短语都分别有清晰、简洁和详细的定义[125]。因此,我们采用双钻石模型作为理论指导,用来系统概括参与者的行为。我们还收集了他们利用现有在线设计存储库的方法、他们喜欢的功能、遇到的问题以及解决技术障碍的方法等相关信息。我们的研究发现,管理示例行为更多发生在"发现"和"开发"这两个阶段中。与新手相比,专家们对设计示例的运用更加多样化,但同时也对设计示例的应用更加谨慎。我们重点开发当前在线设计材料服务无法满足移动用户界面设计人员需求的地方,为未来开发设计支持工具提供机会。

4.1.2　专题访谈流程

　　本研究的最终目标是探索设计人员对网络实例管理的实践,并对此有一个全面、系统的理解。为此,我们进行了半结构化的访谈(见图 4-1),目的是解决以下研究问题:(1)设计人员在移动用户界面设计过程中指的是哪些类型的在线示例?他们如何在设计实践中收集、存档和利用这些材料?(2)设计示例管理实践在不同设计阶段和不同设计专业知识方面有何不同?(3)在设计示例管理过程中,移动用户界面设计实例构建平台有哪些挑战和机遇?

DISCOVER

			E	N
Examples Collect	What	UI page	12	12
		UI/UX case study	9	6
		competitor	10	8
	Behavior	browsing search	12	11
		focused search	12	11
		switch between behaviors	3	1
	How	search with keyword	10	9
		search with image	1	0
		search by category	1	0
		search by filter	1	0
		search by suggestion	3	1
		search by author	2	1
		search for page layout	1	2
		search for color scheme	1	0
		search for interaction	2	1
		collect existing Apps	6	5
Examples Archive		integrate into mood boards	4	2
		download the retrieved examples	6	6
		create folders as design libraries	4	2
		classify examples online	3	2
Examples Utilize		gain background knowledge	8	4
		understand target users' need	11	7
		understand clients' need	4	5
		find out common functions	3	8
		take creative sources for inspiration	11	10
		assist designers in validating options	1	3
		communicate with colleagues	6	4

DEFINE

			E	N
Examples Collect	What	UI/UX case study	1	0
		competitor	1	1
	Behavior	focused search	1	0
	How	search with keyword	3	1
		search with image	2	0
Examples Archive		add valid posts to bookmarks	3	0
		download to local devices	1	0
		copy to design documents	1	0
Examples Utilize		expand design vocabulary	4	0
		keep designs in trend	2	0

DEVELOP

			E	N
Examples Collect	What	UI page	9	9
		UI/UX case study	9	7
		competitor	4	2
	Behavior	focused search	11	12
		browsing search	2	2
		switch between behaviors	10	11
	How	search with keyword	11	12
		search with image	3	1
		search by category	9	5
		search by filter	3	1
		search by suggestion	0	2
		search by author	2	3
		search for page layout	4	1
		search for color scheme	3	2
Examples Archive		group competitor Apps	3	2
		create mood boards	3	2
		copy to design documents	4	4
		create folders as design libraries	4	3
		classify examples online	6	6
Examples Utilize		take creative sources for inspiration	6	4
		speed up design creation	2	2
		communicate with teammates	5	4
		follow existing guidelines	3	1
		avoid common design pitfalls	2	1
		communicate with clients/colleagues	5	5
		demonstrate dynamic UI features	7	6

DELIVER

			E	N
Examples Collect	What	UI page	1	0
		competitor	2	0
	Behavior	focused search	11	0
	How	search with keyword	10	4
		search with image	3	1
		search by category	4	1
		search by filter	4	1
Examples Archive		group competitor Apps	1	2
Examples Utilize		illustrate prototypes	9	8
		deliver prototypes to engineers	7	4

图 4-1　从 24 位设计人员访谈中提取的关于设计示例管理的摘要

我们通过各种社交媒体平台(如 Facebook、Twitter 和微信)广告招募参与者。在申请人中,我们挑选了 12 名专家设计人员(E1~E12,在行业至少有两年工作经验)和 12 名新手(N1~N12,他们是没有工作经验的设计专业的在校大学生),这些参与者中包括 14 名女性;平均年龄 26.7 岁。所有的参与人员都需要具有移动 UI/UX 设计体验。我们对 24 名被访人进行了半结构化访谈,访谈形式为面对面访谈和在线访谈。在获得他们的同意后,我们把询问参与者最近一次或正在进行的移动用户界面设计项目作为每次访谈的开始,以这些跟实际设计项目有关的话题作为热身,并尽可能地展开与他们示例管理行为有关的对话。访谈从讨论受访者当前的一个特定的移动用户界面项目开始,收集他们在不同设计阶段使用在线示例的数据,以及随着设计过程的展开而应用的设计示例的类型。然后,我们要求被受访者描述他们通常收集、存档和使用示例的方式及其原因。他们首先从自己的记忆中得出一个一般设计示例使用模式,然后引用他们最近的设计作品作为具体实例,以此引导他们完成实际设计过程中涉及的具体操作。随后,对于对话中每个与设计示例管理相关的操作,我们都一一询问了他们的设计示例管理目标以及他们是如何实现的。更具体地说,我们有兴趣了解他们一直在使用哪些工具、他们的期望是什么,以及他们在现有平台服务中遇到过什么障碍。此外,我们提出了关于他们获取的示例如何影响其设计结果的问题。我们要求受访者采取其他的示例管理操作,并且描述自己的操作行为,直到参与者无法回忆起更多的案例。最后,我们结束采访,并与受访者互相分享对当前搜索工具的总体印象。每个受访者的访谈时间约为 90 分钟。

4.1.3　专题数据分析

我们通过对所有访谈进行录音和文字记录来熟悉采访内容,对访谈数据进行专题分析。然后,仔细对这些数据从不同维度进行了多次整理。本章将不同设计人员的数据反馈反复整合到与设计示例管理相关的行为模式当中,包括示例收集、存档和利用。最后,通过几轮阅读、比较,提炼出主题。我们把设计师的反馈和事先确定好的主题结合在一起,捕捉参与者的设计经验。

在下文中,我们首先介绍有关收集、存档和利用示例的主题;接下来,我们将报告示例管理行为在专业知识利用阶段和设计实践阶段有何不同;最后,我们将找出现有的与移动用户界面设计示例相关的在线平台的问题,以及设计人员当前在使用在线平台时所面临的挑战,并进一步为设计人员提供改进示例管理服务的基本情况。

4.2　设计示例搜索

访谈中出现的一个重要主题是示例集合,包括设计人员如何从大型在线设计示例平台中检索此类示例。我们确定了三种设计示例搜索的主要类型和设计人员的三种搜索行为。

如 Hao 等所述[126],在做独立的用户界面研究时,在采访中被提到次数最多的是 UI/UX 案例研究(75%)和市场上已有 App 的竞品分析(60%)。图 4-2 根据受访者的介绍,展示了三种用户界面设计类型。我们发现,设计人员在具体使用设计示例时,由于使用目的不同,所关注的设计示例的信息也会不同。

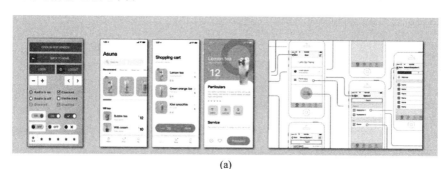

(a)

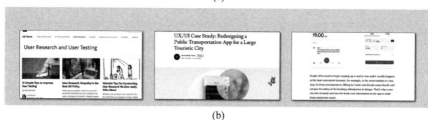

(b)

(c)

图 4-2　三种示例类型

(a) UI 页面;(b) 案例研究;(c) 竞争对手

4.2.1　为用户界面设计提供灵感

独立的用户界面页面是移动应用界面的静态或动态的快照。它可以显示不同的保真度级别,从低保真的线框图到高保真的屏幕截图[126],见图 4-2(a)。设计人员主要关注用户界面页面,以便深入了解移动应用图形设计(E6、E12和 N6、N7、N11、N12)。其中一些侧重于整体图形设计,如“页面布局”(E1、E3、E7 和 N1、N3、N9、N10、N11)、“图形样式”(E3、E4、E5 和 N4)和“设计趋势”(E2、E5)。需要特别说明的是,E5 和 N10 搜索了线框图,这些线框图能够说明用户界面页面之间的逻辑组织架构。N4 仔细研究了视觉呈现方面,“在视觉呈现设计中,我会模仿示例的图形样式和界面的配色。因此我希望他们的配色方案能够匹配我自己的设计项目的主视觉风格”。其他被访者(E3、E4、E5、E11 和 N2、N3、N8、N12)强调了参考特定的静态用户界面组件的重要性,包括但不限于图标、按钮和菜单。E3 表示“会无意中模仿按钮、阴影和图标的交互样式”。N8 补充说:“当我不确定哪些图标可能更好时,我总是找到这些图标的示例,然后查看它们在实际设计案例中的显示方式。”一些受访者会关注用户界面动画,比如对每个用户界面页面内的动态更改或页面之间的动态更改(E4、E5、E11 和 N2、N12)感兴趣。由于通过静态页面无法获取这类重要的动态用户界面,因此他们必须搜索并保存用户界面的动画图像(GIF)、视频或交互式原型。但是,与静态图像(E7、E9和 N9)相比,此类用户界面示例相当稀少。

移动用户界面设计过程中使用设计示例较多的是用户界面页面示例,但其在使用过程中仍然存在一些局限性。首先,设计示例没有明确演示页面的交互逻辑和工作流。因此,一些设计人员开始尝试从一系列的页面示例中反向推导设计逻辑。此外,由于用户界面页面上下文的逻辑描述有限,因此设计人员很难理解和阐明设计示例的设计思路。正如 E4 所描述的那样:“当我使用静态文档或逻辑分散的用户界面页面来与开发人员沟通概念原型设计时非常费时。为了应对这些挑战,我们设计人员将利用另一种典型的设计示例进行案例研究,例如能够提供更多细节和上下文逻辑的 UI 界面。”

4.2.2　学习设计原理的案例研究

UI/UX 设计案例可以详细地记录设计项目和设计内容,设计人员可以分享设计经验,并介绍在不同类型的设计项目和设计目标上需要考虑的问题[16]。UI/UX 设计案例通常传达有关背景、功能和用户研究的相关信息[127][图 4-2(b)]。如大多数受访者所指出的,设计人员能通过设计案例研究获得完整的交互逻辑和设计体验。N9 说:"在设计艺术博物馆应用程序时,我会参考其他博物馆的应用程序中的功能设计和交互逻辑来构建我自己的设计框架。"

此外,有 11 位受访者发现,在进行有特殊目的的设计工作时,通过相关领域的案例研究获得的上下文之间的逻辑分析信息对驱动设计特别有效。案例研究解释了每个设计决策背后的原因和意图。它们在很大程度上增强了设计人员对这些例子的理解,避免只是单纯地学习案例的表面而不是学习更为重要的逻辑层级。E6 进一步演示了他如何运用案例研究:"当我设计天气预报的数据可视化应用时,我阅读了大量现有数据可视化演示的案例研究,然后应用相同的原理来支持自己的用户界面设计选择。"此外,还有 5 位设计人员表示,将利用案例研究来跟上最新的设计趋势,并研究它们是如何产生和演变的。例如,E5 表示,她将"研究案例标杆或行业报告,以学习最前沿的设计"。

尽管 UI/UX 案例研究很实用,但在互联网设计示例平台上并不常见。也许这就是为什么许多设计人员因此转向用现有的应用程序代替在网络平台上搜索设计案例。E8 提到:"在做 App 设计的初始阶段,我经常做竞品分析,尽量不错过这些相关产品的每个迭代的版本。"

4.2.3　市场竞品分析

在应用商店中可以找到现有竞品 App,可以参考其与现有设计项目[128]相似的目标用户、业务目标。设计人员通常利用竞品中的信息,在现有的 App 中寻找一些数据,例如"功能列表、界面页面、产品说明和用户注释"(N1),下载并使用竞争对手的 App,通过使用获得实际的用户体验。通过评估竞品 App,设计人员可以"更加熟悉市场上已有的产品"(N2),以此作为设计人员自己的设计项目(E11、E12 和 N2、N7、N10)的参考案例。首先,在 App 设计中,采用公认的设计模式以确保一致的用户体验是非常重要的[129]。正如 E3 所提到的:"在我以前的一个项目中,我不清楚如何为特定类型的 App 设计登录页面。因此,我寻找竞争对手应用的登录页面,并从其元素组成和布局中学习。"其次,学习和研究竞品有助于预测现实中部分设计功能的效果和接受程度(E3、E5),例如,"通知功能如何通过特定突出的颜色和动态页面来实现界面的过渡"(E3)。最后,设计人员不断地做竞品分析,以防止他们的设计"看起来与市场上已经存在的相似"(N6)。但是,设计人员需规避现有 App 的设计缺陷和竞争对手一些不好的设计模式[130]。虽然所有类型的示例都有其优点和缺点,但我们注意到,示例的使用频率可能因专家和新手的身份而有所不同。

4.2.4　搜索行为和策略

我们还研究了设计人员在移动用户界面设计期间如何查找在线设计示例,以及他们将在什么条件下终止检索。

从访谈中,我们了解到设计人员在获取设计示例时会有不同的行为习惯。现有的研究将设计示例的探索分为浏览活动(即偶然发现)和搜索活动(即寻找特定问题的答案)。与以前的研究[82,84]类似,我们发现设计人员的检索行为可以通过这些研究中的定义来表示,从而将它们总结为浏览和搜索两类。当设计人员进行没有特定目标的示例检索时,就会发生浏览行为。设计人员通常会在项目的早期阶段进行浏览检索,以了解相关设计主题的背景知识。正如 E9 所描述的那样:"我们收集市场上的现有 App,以分析行业趋势,如布局、配色方案、交互等。"与浏览不同,搜索行为体现了定向设计案例检索的过程,其中设计人员对示例搜索有清晰的定位和明确的期望。因此,它通常是由搜索引擎的相关功能支持完成的。正如 N9 所强调的:"对于我熟悉的设计内容,我总是有一些东西需要查找。因此,我只需要搜索到的结果与我心目中的图片完全匹配。"我们还发现,大多数受访者会在两种行为之间切换。例如,当设计人员进行探索性搜索并遇到一些感兴趣的内容时,他们会切换到集中搜索来挖掘特定类型的示例。正如 E2 提到的:"当我在 Pinterest 上寻找关于导航地图应用程序的例子时,我碰巧看到了一个很棒的帖子。然后,我接下来就只是专注于搜索与这种推荐相类似的设计。"

设计人员使用不同的设计示例检索策略来帮助他们获取现有的规范的在线示例服务。检索在线设计示例最常见的方法之一是使用关键字搜索(E1、E2、E3、E4)。E1 给出了一个例子:"直接搜索关键字'地图'导航应用程序时,我需要从案例中的工作流和功能中获取设计灵感。"而 E2 只是搜索竞争对手的 App 的名称并研究相关推荐的 App。他们还搜索与描述预期图形风格相类似的关键词,例如,当 N7 需要极简主义方案时,他会搜索"北欧风格"这样的关键词来寻找想要的设计示例。此外,一些受访者使用特定组件的关键字(E1、E3、E4),例如,E1 搜索"按钮状态"以找出"不同交互状态下的按钮如何设计"。除了文本关键字之外,以图搜图也是常用的搜索方式。正如 E3 所说:"我在谷歌或 Pinterest 上搜索图片时,我手头已经有一个令人满意的图像,希望通过搜索以获得类似的图片。当我查找低分辨率图像的高分辨率版本时,也会发生这种情况。"当大规模搜索设计示例时,设计人员可以利用平台提供的限制功能(如标记或筛选器)来缩小范围以达到快速查找的目的。例如,在 Pinterest 中,"移动用户界面"筛选器按钮将搜索结果限制到移动终端用户界面中,该域提供了"与应用 I 设计更相关的示例"(E1、E2 和 N5)。在某些情况下,当浏览器本身严格限制搜索结果,如"以特定颜色浏览用户界面页面"(E4)时,浏览器中的分类选项甚至可以代替搜索关键字。E5 提出了有效的建议,他认为设计示例搜索平台中应当建立社交管理信息的标准,例如用户评分、关注者数量和点赞数量,因为这些可以衡量设计示例的质量。

对于设计人员来讲,示例搜索这一行为在设计工作中是经常发生的;但更经常发生的情况是,在一轮又一轮的查询之后,依然一无所获。因此,为了确保最高效的工作,设计人员通常有一套标准来衡量自己的搜索结果,例如花费在搜索这件事上的时间以及搜索到满意的设计示例的相对数量,以帮助设计人员确定在什么时间停止设计示例搜索这一行为。

根据访谈结果,我们发现设计人员的搜索时间与设计人员的工作量密切相关。花费的时间从一小时(E1、E3、E5、E9、E11、E12 和 N1、N3、N4、N5、N6、N7、N11、N12)到一天(E2)不等。正如受访者所说的那样,检索时长高度依赖于整体的项目时间表。在最后期限临近之际,设计人员会有意控制时间成本。正如 E2 所说:"我的查找案例时间不会超过半小时,以防被检索这一环节卡住。一旦超过半小时,我就会停下来,进入下一环节的设计工作。"此外,一些设计人员还根据查找过的设计示例的数量来评估时间,例如,E4 通常在切换平台或停止示例检索之前浏览"五到六屏的搜索页,最多 10 屏"。另一个导致检索结束的原因是受访者搜索很久但仍然没有找到自己想要的设计示例,这时候受访者也可能会放弃搜索。

4.3　设计示例整理

收集到有用的设计示例后,设计人员通常会将它们存档以供进一步使用。在本节中,我们将总结设计示例的存档方法,以及设计人员如何使用这些设计示例。

4.3.1　定位设计灵感

在受访者中,14 名设计人员在存档过程中,将收集到的材料直接整理到一个文件夹中,通常整理成情绪板或设计文档的形式。情绪板是一种拼贴画形式的展示,由特定主题的多个示例(例如图像和文本)组成[131]。设计人员在归档过程中制作情绪板的原因是它"抽象地描绘了理想的设计输出,为进一步设计提供指导和灵感"(E3、E4)。除此之外,我们的受访者也经常使用设计文档(如 Photoshop 和草图文件)来存储设计示例。他们将检索到的示例复制、下载或截屏到"自己的设计文档用来做设计参考"(E1、E3、E5、E12 和 N5)。此类文档包括"一整套用户界面工具包"(E3)、"用户界面页面模板文档"(N1、N9)等。

4.3.2　未来用途分类

设计人员还会对示例文档进行分类,按照不同的设计用途将其分为不同的类别。现有的一些在线示例管理平台是有这种存档功能的,例如,Pinterest 和 Dribbble(E1、E5、E6、E8 和 N3、N4、N6、N7)中可以收藏自己喜欢的设计示例(E3、E4),或使用浏览器的"书签"功能帮助整理和收藏设计示例(E1 和 N1、N3、N4)。"在设计示例查找时遇到喜欢的示例会事先添加大量的书签,然后再对书签进行整理"(E3)。N8 特别提到,浏览器中的书签可以"提高我的工作效率"。由于网络平台上的存储功能受各种因素限制,设计人员也可能把设计示例在本地归档,方便离线工作。例如"担心在线平台的访问失败"(E5)或"网站上缺乏案例存档功能"(E1)。"我经常下载我最喜欢的样式的图片,创建一个集合文件夹,方便在将来根据需要使用它们"(N2)。对于竞品 App 的整理,5 位受访者选择在自己的移动设备上安装这些应用,"反复使用应用程序,分析交互逻辑和用户界面设计"(E1、E3、E5、E11 和 N2、N3、N11)。"我在做地图导航 App 项目的时候,在应用商店下载了谷歌地图和百度地图。参考竞品 App 的线框与用户界面页面设计"(E1)。此外,一些设计人员(E7、E12 和 N2、N5、N11)使用其他的工具收集设计示例,例如 Wiznote 和 Eagle,这种手机工具支持在线和离线等多种工作方式,方便"示例保存在本地以供使用,同时支持在其他移动端在网络环境下随时随地访问"(N5)。E12 提到他在 Ealge 中将设计示例分类,还可以"通过其云服务与团队成员共享"。

4.4　设计示例利用

访谈结果表明,设计示例在移动用户界面设计过程中可以起到不同的作用,利用设计示例的方法可以归为两大类,即可行性设计空间的构建和具体设计的生成。

4.4.1　构建设计空间

设计空间是指设计人员将同一类设计思路的素材组合在一起,根据设计者的设计思路对其中的设计素材进行系统性分析,删除与设计中心思想不相关的素材[132]。设计人员们不断切换自己的设计思路,以优化其设计空间[125]。在本书的研究中,设计人员通过对设计示例的收集,了解设计的背景信息以满足用户需求,寻求设计的灵感以发散设计理念,验证设计选择以缩小设计空间。

收集足够的背景信息是设计人员构建设计空间的重要起点。在此过程中,设计人员对甲方的喜好和相关产品市场进行研究,充分了解项目的需求和背景。设计人员通过研究相关设计示例(通常是利益相关者以前的产品)来了解甲方对产品的偏好。正如 E1 所说:“我会按时间顺序检查甲方以前的产品,以了解其产品的特征和迭代。”通过设计示例,设计人员还能了解甲方对产品的期望,例如,“设计示例的研究和扩展让我能够发现甲方所期望的设计开发方向”(N4)。设计人员还可以利用示例来了解甲方对产品的偏好,例如,“我通常使用设计示例来展示视觉设计风格和品牌战略,辅助甲方确认最初的设计方向”(N2)。此外,大多数受访者一致认为,通过查找示例获得设计知识储备对于设计人员全面了解市场来说是非常重要的。正如 E3 所说:“竞争对手的例子加深了我对实际用户需求和实际功能的理解,甚至还可以参考他们的营销策略,例如如何吸引用户以及如何留住用户。”此外,通过广泛的设计示例研究,设计人员可以更精确地了解用户的需求和品味。正如 N7 所评论的:“我喜欢查看应用商店中用户留下的评论,因为它们可以详细揭示用户喜欢或不喜欢应用设计的哪些方面。”E1 补充说:“我花费大量时间分析评级较高或下载次数较多的示例,因为它们更有可能受用户欢迎。”

当设计人员完全不熟悉目标用户或相关领域时,他们会选择在示例中寻求灵感。有四位受访者评论说,设计示例可以帮助他们快速寻找设计灵感,例如,E8 提到:“当我完全没有设计思路的时候,看到跟我的设计目标相近的设计示例,可以帮助我很快推进设计工作。”同时,一些设计人员提到通过示例他们可以探索更多样化的和新的设计解决方案(E4、E5 和 N2、N4、N7、N8)。N8 评论道:“设计示例经常给我带来意料之外的新想法。例如,我最近在做一个登录页面的界面设计,我查找了很多登录首页的设计

案例,如果没有这些案例的提示,我很难想象一个登录界面长什么样。"示例
还可以让设计人员的设计观念与设计趋势(E4、E5 和 N4)保持同步,这对
于专业设计人员来讲至关重要。正如 E4、E5 所说:"我总是浏览 Dribbble
以了解当前的用户界面设计趋势。通过网站上设计材料的不断更新,我也
吸收了很多前沿的设计知识,这无形中保证了我最时尚的设计眼光。"

　　在设计人员们积累了一些设计想法后,示例可以进一步帮助设计人员
缩小设计思路的范围并验证设计方案的可用性。其使用情况通常有两种:
一种是在已有的设计中添加重要的设计要点,另一种是在已有的设计中减
去不必要的部分。首先,一些设计人员利用示例来避免设计方案缺少必要
的功能。当设计人员看到一些成功的案例都有的设计功能时,他们可能会
在自己的设计方案中加入此类功能。例如,E1 试图在早期设计阶段收集大
量示例,以确保"接触到尽可能多的、权威的设计想法"。其次,设计示例看
多了就会导致发散的设计思维,无法有效探索。因此,有必要在目标方案内
迅速确定最终的设计方案。所有受访者都报告说,他们经常比较特定功能
示例中的不同用户界面功能,并学习其中的设计原理,选择更合适的设计。
最后,示例还可以帮助设计人员避免常见的设计缺陷。由于很难预测一些
设计想法中是否有功能上的设计问题,因此设计人员会检查相关示例以验
证自己的设计选择。如果通过检查发现了其中的设计问题,设计人员会及
时改正。正如 E1 所说:"通过仔细研究竞争对手的设计示例,我意识到我
的设计中的两个功能放在一起在日后的使用中会有严重的逻辑冲突,因此
我删除了其中一个功能,或者提前定义它们之间的层次结构,避免重大的设
计问题发生。"

4.4.2　促进设计生成

　　设计人员制定了清晰的设计方案后,可以进一步利用设计示例高效生
成设计成果。

　　当没有具体的设计准则可以遵循时,设计人员也会利用示例来研究类
似产品的设计模式。通过这种研究策略,他们可以节省大量设计时间,促进
设计效率的大幅度提升。例如,E3 说:"当我在设计一个关于运动的应用
程序时,我希望用户界面的设计样式是动态的。但是没有关于这些设计特
征的指导原则,于是我从示例中成功地学习到了如何设计理想的运动应用
程序,包括动态的用户界面和鲜艳的色彩搭配。"E1 还提到:"为了快速找
到导航应用设计的通用的交互设计方案,我下载了十几个竞争对手的应用

程序,以查找这类用户界面设计中常见的功能。这使我可以快速起草相关设计方案,并节省了大量时间。"

　　设计人员还利用示例在设计过程中寻找共鸣、沟通设计结构。原始设计方法通常用设计文档和口头描述来说明,然而设计文档的方法通常耗时耗力,并不适合解释所有的设计细节;口头描述虽然是最方便的,但仅凭口头描述又不够全面。这时示例可以将粗糙的设计思路很好地可视化并作为设计人员有效的参考资料,其中一些设计示例甚至具有交互功能,这与原始的沟通方法相比,可以大量节省设计人员的精力和时间成本,提高设计生产效率。

4.5　不同设计阶段专家和新手之间的差异

　　根据访谈反馈,我们了解了专家和新手在设计工作中有不同的设计行为,在不同的设计阶段也表现出了较大的差异。

　　首先是专家和新手设计人员对设计示例的依赖性不同。我们采访的专家设计人员通常表示,他们"相当熟悉现有的界面设计规则"(E6、E7、E8、E10)或"已经形成了自己的设计风格"(E1、E6、E7、E10、E11)。换句话说,在设计一些通用的用户界面组件时,他们跟新手相比,对示例的依赖性更小。E1 和 E7 表示,仅在面临特定的设计挑战时会搜索用户界面示例,而一般的设计问题他们仅参考个人或企业的用户界面设计库就足够了。E1 指出:"我主要在我面临特定的设计问题时搜索示例,比如相同的按钮在许多不同的状态下的设计,因为这种情况在实际设计中并不常见。"E11提到,"相比在具体的设计项目中及时检索设计示例,我更喜欢在业余时间浏览和学习设计示例,将它们作为自己的设计资料,为日后的设计工作背书"。相比之下,一些新手设计人员经常通过收集用户界面示例来获得设计灵感(N6、N8、N9)。如 N6 所说:"用户界面示例中的色彩主题、页面布局和功能设计可以激发我很多的设计想法,并帮助我整理出具体的设计思路。"

　　我们发现,与新手设计人员相比,专家设计人员对设计示例信息的利用更加多样化,这可能是因为专家在实际设计项目中扮演了比较关键的角色。例如,E2、E3 经常负责一个完整的移动应用程序设计项目,他们不光需要考虑设计本身,还需要考虑竞争对手的营销策略,以确保产品的长期稳定发展。正如 E3 所说:"考察竞争对手的营销策略非常重要,因为我必须考虑如何增加我设计的应用程序的用户下载量以及如何增加用户黏性。"E3 还研究了设计问题的解决方案以及相关功能的实现方法。E5 负责整个项目的设计功能实现,认真做竞品分析,分析目标用户对竞品使用的反馈情况,发掘自己设计项目中的竞争力。他说:"我仔细阅读用户的评论,挖掘出优化产品的潜在方向。"与之相反的是,没有任何一个新手设计人员提出过类似的需要。

其次,专家和新手设计人员在设计意图和设计行为方面存在很大的区别。在开发阶段,专家设计人员将更多的精力放在与实际设计目标相关的示例上,避免过多的探索导致分心,但新手设计人员并没有提及这种情况。正如 E3 所说:"对于特定的设计任务(如用户界面页面),我会强制自己专注于结果页中的目标示例,并尽量减少浏览无关紧要的示例。"

最后,专家和新手设计人员在不同设计阶段也存在设计行为习惯上的差异。为了更深入地了解设计人员的设计行为,我们比较了不同背景的设计人员在不同的设计阶段(即发现、定义、开发和交付)有何区别。研究发现,大多数设计人员的示例检索行为发生在发现和开发阶段,因为这两个阶段在设计方法上差异较大,对于背景知识的调用也各有不同。在交付和定义阶段中,设计人员的检索行为具有收敛性。但在定义阶段中,这两种行为都有发生。在发现阶段,设计人员倾向于收集和存储比其他阶段更广泛的示例类型。例如,他们"在设计具体的应用程序时,为了了解一些常见的界面设计解决方案,会下载许多竞争对手的应用程序,并比较各个应用程序之间的交互逻辑"(E1),"为自己的设计制作情绪板的同时,收集和总结设计示例"。我们还发现,在发现阶段,设计人员会有更多的示例浏览行为,因为在这个阶段,他们需要更多地了解设计标准、设计约束等信息。在定义阶段,设计人员主要收集示例用以参考并生成设计流程图,如"P 用户画像"(E3)和"用户使用流程图"(E5)。通常的做法是将对设计项目有利的相关资料添加到书签,并将它们下载到本地设备,根据不同的资料类型进行分类归档。至于开发和交付阶段,设计人员则专门针对具体设计问题的解决方案进行示例存储。例如,在开发阶段收集的竞争对手的应用程序通常作为产品功能的设计参考,如"交互逻辑架构"(N1)、"页面之间的动画过渡效果"(N3)和"登录功能界面"(E3)等。开发和交付阶段的设计行为集中在"让符合要求的示例能适用于我的设计"(N1)。此外,设计人员在开发和交付阶段通常目标明确地进行案例搜索,因为此时他们已经有了明确的设计想法。这种检索模式也反映在检索时间的长短上,设计人员在开发和交付阶段的检索时长比发现和定义阶段短。正如 N1 所述："在早期设计探索阶段，收集相关材料需要更多时间，而在后期开发和交付阶段，我很少浏览设计示例。"

4.6　开发设计工具的机遇和挑战

设计人员在现有设计工具中得到的支持有限，因此受访者对现有设计工具的体验评价通常是负面的，比如多数人反映大多现有设计工具提供的设计示例质量低下。我们的受访者遇到的一个常见问题是经常接触到在线存储库中低质量的设计示例。由于大多数在线平台没有对设计案例进行质量把控，因此设计人员在查询的过程中可能会接触大量低质量的示例，从而导致设计人员的检索效率低下、检索体验差，如图 4-3 所示。正如 E2 所说的："当我在谷歌上搜索'机器学习图标'时，搜索结果非常枯燥和丑陋。我无法面对这些怪异的设计，这是一次非常令人厌烦的经历。"这就是为什么一些受访者(N4、N5)青睐 Dribbble，因为在 Dribbble 中，所有的设计材料都由专业设计人员共享，因此具有相对较高的质量。为了理解受访者对示例的偏好，我们询问了他们如何评估在线示例质量的好坏。受访者提供了不同的标准，包括视觉吸引力、可行性和丰富性。面对只具有较高美学评价而没有实际参考价值的案例，设计人员也并不是很喜欢。"在实际运用中，许多美丽的例子都太零碎了。通常我只是看一眼它们的整体图形风格，不会花太多时间在它们身上。因为它们并不适合实际的设计应用。"(N4)此

	Challenge	D	B	A	P	G
Collect	cannot search by image	O				
	cannot search by author	O		O	O	
	unclear organization of search results	O			O	
	inaccurate search results	O	O		O	
	inefficiency to find competitors	O	O	O	O	O
	lack of example categorization	O			O	
	too many advertisements				O	
Archive	extensive effort in labeling examples	O	O	O	O	
	cannot bookmark examples	O	O	O		
	limited support to group examples	O	O	O		
Utilize	lack of copyright					O
	outdated examples	O	O			O
	lack of interactive examples	O				O
	lack of UX-oriented examples	O	O		O	O
	low-quality examples	O			O	O

*D: Dribbble　|　B: Behance　|　A: App Store　|　P: Pinterest　|　G: Google

图 4-3　现有设计示例工具的典型问题

外,一些受访者还提出希望设计平台提供的设计示例具有丰富的设计背景和多样化的设计风格(N7 和 E8)。但是,一些在线平台,如 Pinterest 的运行机制往往是根据设计人员的搜索和点击行为将具有共同内容或视觉风格的类似设计示例呈现给设计人员,导致设计人员无法接触到多样的设计示例。

　　设计人员还因现有设计工具在设计使用中(例如收集、归档和利用)效率低下而遭受损失。通过访谈,我们发现了阻碍设计人员高效获得满意示例的三个主要障碍,即现有存储库提供的导航支持不足、搜索引擎效率低下以及在线存储库中缺乏设计示例存档和利用的功能。超过一半以上的受访者抱怨现有设计服务平台提供的导航支持有限,使得检索过程不顺畅且耗时。特别是缺乏详细的示例分类,给设计人员带来了极大的挑战,迫使设计人员不得不花费时间深入研究特定的示例类型。N10 抱怨说:"在 Dribbble 或 Pinterest 中,没有分类功能来避免搜索到不相关的示例。当我搜索'游戏应用程序的移动用户界面'时,结果显示的不是移动用户界面示例,而是许多游戏海报和网站。对于其他平台,如 Mobbin 和 Pttrns,它们以特定的方式对设计示例进行分类,并在示例探索过程中依据用户行为对其进行分类,但仍然无法满足设计人员对导航的不同需求。""我喜欢 Pttrns 中提供的类别,因为它帮助我搜索到不同类型的用户界面设计。但它仅根据示例的功能区分不同示例,不支持图形样式或目标用户等其他条件。"(E3)在用户无法提供关键字进行案例搜索时,导航不足的问题变得更加严重。在先前的研究[66]中,我们发现许多设计人员很难清楚地描述他们正在寻找的示例。在这种情况下,他们更需要导航支持,以帮助他们缩小搜索空间。搜索引擎的问题受到五位受访者的质疑。与谷歌这样的专业搜索服务相比,设计平台提供的搜索服务能力低下。例如,"Dribbble 的搜索服务可以处理一个相对宽泛的关键字,但如果给出一个又长又具体的关键词,搜索结果则表现不佳。相反,谷歌给出的搜索结果更加贴近设计人员的预期"(N2)。N1甚至"使用谷歌引擎以图搜图的功能,来代替设计示例平台的搜索。此外,一些设计人员希望这些平台具有谷歌的图像搜索功能"。"有几次,我想使用图像搜索功能来查找看起来类似于我的设计图形的示例,但 Dribbble 和 Behance 没有这样的功能,因此我必须切换到 Google。"(N8)我们的受访者指出的另一个设计障碍是,现有的设计工具缺乏有效支持示例存档和利用的功能,特别是现有设计服务平台缺乏在线收集和存储设计案例功能。"在线获取示例后,我不得不下载或复制示例并将其存储为本地文档。对设计案例手动分类和标记令设计人员感到非常不自在。此过程可能会导致设计人员后续示例查询中的困难。"(E1)"很难找到以前的例子,因为通常我们只能大致记住它们的外观,而在实际应用中我们按名称或日期存储它们。"(N3)一些设计人员希望平台有自动标记示例的功能,以方便管理和回访(N12)。此外,受访者对在各种现有的在线平台搜索同一个项目的烦琐过程感到不解(N1、N2、N6 和 E2)。例如,"不同的在线平台示例具有不同的来源,我必须在不同的平台上使用相同的关键字进行搜索。切换平台的搜索是非常耗时且效率低下的"(N1)。因此,E2 说:"如果一个新的平台能收集所有不同来源的内容,那将会很棒。"

　　Herring 等指出了网页设计和图形设计领域查找示例的优势[66]。我们的研究结果表明,他们与移动用户界面设计人员使用示例的方式类似。例如,与其他领域的设计人员一样,他们还在发现和定义阶段(即准备阶段[66])利用示例了解利益相关者的需求,并在这个设计阶段验证自己用户界面设计的独创性。但移动用户界面设计示例使用的不同之处在于,移动用户界面设计人员似乎采用了更广泛的示例参考形式。例如,他们更喜欢在发现阶段使用情绪板,而不是单个的视觉呈现的示例。至于专业设计知识,移动用户界面设计专家比新手更擅长示例管理。事实上,设计专业知识丰富的设计人员进行的设计示例搜索较少。一方面,根据我们的访谈反馈,移动用户界面设计专家早就养成了随时随地收集优秀设计示例的习惯。当开展新的设计项目的时候,首先是从自己的设计资料库开始查找相关的设计示例,而不是盲目地全网搜集。另一方面,设计专家很可能将他们以前的设计案例迭代为新的设计方案,将以前的设计知识直接应用于当前的设计项目。他们可能会更需要一些设计上的知识,而不是寻找新的例子[75]。此外,与其他设计领域的工作不同,我们发现用户界面设计专家在设计过程中也承担了更多的角色。因此在使用设计示例时,专家比新手使用示例的方式更多样化。例如,负责移动应用设计项目的设计专家(E2、E3)同时负责寻找竞争对手的营销策略,并利用这些成功的营销案例向工程师说明他们的设计思想。相反,我们的新手移动用户界面设计人员通常只负责部分设计项目,如视觉设计,因此他们不需要考虑预算和项目可行性。

　　对于以上研究结果,我们认为在为设计人员开发新的设计工具上存在很大的机遇。我们得出以下几点结论,以便将来开发更具支持性的示例管理工具。我们的研究表明,设计人员接触低质量示例时会产生负面情绪。

尽管 Pinterest 和 Behance 等平台允许用户以投票的方式(例如"喜欢")来帮助设计人员评价示例的质量,但通常这些信息并不足以帮助设计人员进行决策。"在一些获得相似数量赞的示例中,很难从中区分好坏。"(N4)确保示例质量的一个可行方法是,利用计算机的美学计算指标以执行自动评估。我们的移动用户界面设计人员提出使用不同维度的评价标准来评估同一个示例,例如"视觉吸引力""丰富性"和"可行性"。首先,平台可以邀请设计人员为示例提供全面的评价维度,然后建立结构化比例以评估每个用户界面示例的质量。除了上述条件外,还可以纳入用户界面设计质量的自动评价指标,例如移动用户界面的视觉复杂性[133]和个性化体现[134],具体评价指标取决于各个设计人员的需求。在搜索引擎方面,尤其是用于移动用户界面示例存储库的搜索引擎,通常假定设计人员在使用其服务时已经考虑到了一些目标的关键词。我们的移动用户界面设计人员往往没有明确的想法,因此很难阐明搜索关键字。在这种情况下,示例共享平台可以主动提供一组关键字,帮助用户逐步缩小搜索空间。平台可以根据设计人员的关键字搜索频率,提供最常用的关键字,并且提供相关关键字的图形示例,帮助设计人员了解关键字和图形之间的关联。当用户对一个特定示例表现出兴趣时(例如,单击它或停留时间较长),搜索引擎可以根据图形图像的语义自动推荐一组关键字,这些关键字可以从不同方面描述设计示例的特征[135],以帮助用户整合他们的想法并制定搜索查询方案。即使移动用户界面设计人员在搜索设计示例时心中有目标,他们有时也"无法用标准的设计语言解释他们的想法"(N8)。在这种情况下,搜索引擎可以试图理解一些语义模糊的关键字。它可以用众包的方式,确定特定领域的关键字的集合[136],通过该服务用户可以根据其他设计人员的建议来学习如何表达他们对目标示例的描述。

4.7　小　　结

在本研究中,我们围绕移动用户界面设计的在线示例管理,对设计人员的行为进行了全面的了解。我们通过对 12 位新手和 12 位专家的一系列访谈,深入探讨设计人员在设计实践中如何收集、整理和利用示例,并且比较他们在不同专业知识背景下,在不同设计阶段的行为有何变化。我们发现,在发现和开发阶段,示例的使用更加频繁。此外,与新手相比,专家对于设计示例的使用有更谨慎的选择和更多样化的使用目的。我们进一步确定设计人员在现有的示例管理服务中遇到的挑战,并为未来设计更具支持性的示例管理工具提出潜在的设计建议。这项工作主要侧重于深入研究设计人员在线示例管理行为的定性理解,并从相对较小的样本量中得出结论。为使研究结果更可靠,我们今后需要与更多的设计人员进行探讨,做进一步的定量研究。

我们的用户研究结果与双钻石设计模型完全吻合,此设计模型是在理解用户需求的前提下,以设计人员为核心,不断迭代完善设计产品。这样的设计模型可以总结为由"目标用户—设计人员—设计产品"三部分构成的设计链路,并不断重复迭代。通过深入理解设计人员的设计体验,我们发现用户界面设计人员更多关注界面之间的交互问题和个性化的视觉表达。除此之外,重复、低设计价值、高消耗的界面设计产品是影响设计人员设计效率的关键问题。我们以设计人员的设计体验研究为出发点,通过智能界面辅助设计,帮助新手设计人员和设计专家解决以上设计问题,这是本章的研究重点。

第5章 基于个性化特征的界面色彩分析与生成

移动终端界面智能设计方法,可以根据界面的个性化特征,构建个性化的色彩界面。界面的色彩风格特征是消费者对界面的主观感受,不同色彩风格特征可以给予消费者不同的感知体验[114],有学者在研究颜色美学偏好的过程中发现人们更喜欢和谐或相似的色调[137],这进而影响消费者对移动终端产品的喜好程度。移动终端界面设计越来越趋向于个性化。因此,如何实现"千人千面"的个性化界面,是本章集中解决的问题。本章先提出通过定量的方法计算移动终端主图的图像色彩风格特征;随后,将主图的色彩风格迁移到系统各个页面,从用户对色彩的一致性感知出发,对视觉色彩元素进行分析归纳,提出系统界面自动匹配色彩生成规则;再通过用户实验的方法确定功能色在色彩自动匹配中的范围及量化方法;最后生成完整的个性化的色彩分析与生成框架,实现个性化的视觉传达效果,促进个性化界面的实现。色彩分析与生成框架见图 5-1。

5.1 图像色彩风格特征量化

图片的色彩是用户对色彩风格最直观的感知。设计中应把图片的色彩感延续到系统中,既要实现整体的色彩感觉,又要保留部分醒目的色彩,使得自动匹配的色彩主题具有可感知性。我们先最大限度地分析图片风格,对图片色彩调性进行分类,进而量化色彩风格特征。

5.1.1 图像色彩空间分析

伯克利色彩项目[138],将色板按照 CIE $L^*a^*b^*$ 色彩空间用 CIE $L^*c^*h^*$ 色彩空间分量换算 CIE LCH,采用了和 CIE $L^*a^*b^*$ 相同的颜色空间,但用贴近人们认知的方式表达色彩。其中 L^* 表示明度 Lightness,该值

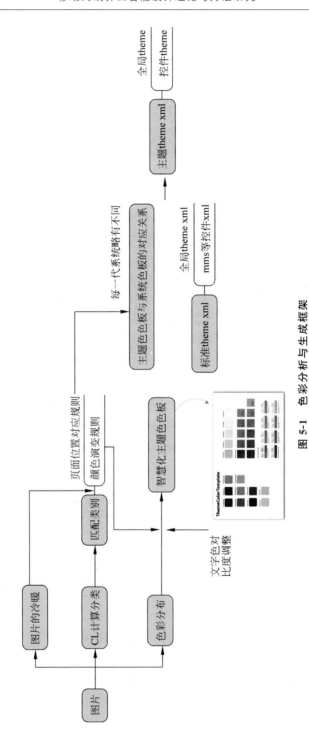

图 5-1　色彩分析与生成框架

定义和 Lab 模型一样；c^* 表示饱和度 Chroma，h^* 表示色调 Hue，使用 L 分量来调整亮度对比，这是目前应用较广的色调分类方法之一。对八种色调(红色、橙色、黄色、黄绿色、绿色、青色、蓝色和紫色)中的每一种进行取样，分成四个饱和亮度水平，将其定义为四种风格，分别是 S(saturated)：高饱和度组；L(light)：明亮组；M(muted)：灰调组；D(dark)：深色组。如图 5-2 所示。

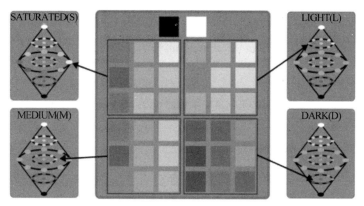

图 5-2　伯克利色彩项目 32 色(见文前彩图)

之所以用这样的方法划分色彩风格是因为，首先，Lab 空间具有完备的色彩模型，如图 5-3，比计算机等各种设备，甚至比人类视觉的色域都要大，表示为 Lab 的位图比 RGB 或 CMYK 位图获得同样的精度要求更多的每像素数据；Lab 空间内的很多"颜色"超出了人类视觉的视域，因此纯粹是假想的；这些"颜色"不能在物理世界中"再生"。通过颜色管理软件，比如内置于图像编辑应用程序中的那些软件，可以选择最接近的色域内近似，在处理中变换亮度、彩度甚至色相。Dan Margulis 称，在图像操作的多个步骤之间使用假想色是很有用的。这样的方法更接近人类的视觉识别，更致力于关注用户感知色彩的均匀性，它的 L 分量密切匹配人类的亮度感知，因此可以通过修改 a 和 b 的分量的输出色阶来做精确的颜色平衡。其次，我们认为，对色彩的感知这个复杂的领域，充满了显著的个体差异和情绪影响，最好采用大量重复测量(MRM)设计。伯克利色彩项目是一项关于色彩感知和美学的大规模研究，研究认为大家对于更和谐的色调有偏好，基于色彩理论空间，研究者列举了四类和谐的色调(SLMD)。但通过观察色彩空间的梭状图，定义为和谐的一类色调即为一个平面的圆面，意味着只要是在该色彩空间内任何平行于 S 风格的圆面都可以认为是和谐的，而实际对移动终端封面背景图片聚类的结果也符合这一特征。表 5-1 为伯克利色彩项目 32 色的 Munsell 值。

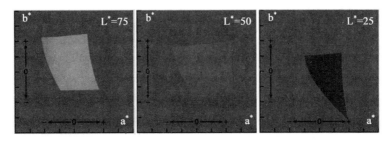

图 5-3　CIE L*,a*,b*(CIELAB)模型(见文前彩图)

表 5-1　伯克利色彩项目 32 色的 Munsell 值[138]

Color	BCP Colors		
	x	y	$Y(cd/m^2)$
DR	0.506	0.311	7.60
SO	0.513	0.412	49.95
LO	0.399	0.366	68.56
MO	0.423	0.375	34.86
DO	0.481	0.388	10.76
SY	0.446	0.472	91.25
LY	0.391	0.413	91.25
MY	0.407	0.426	49.95
DY	0.437	0.450	18.43
SH	0.387	0.504	68.56
LH	0.357	0.420	79.90
MH	0.360	0.436	42.40
DH	0.369	0.473	18.43
SG	0.254	0.449	42.40
LG	0.288	0.381	63.90
MG	0.281	0.392	34.86
DG	0.261	0.419	12.34
SC	0.226	0.335	49.95
LC	0.267	0.330	68.56
MC	0.254	0.328	34.86
DC	0.233	0.324	13.92
SB	0.200	0.230	34.86
LB	0.255	0.278	59.25
MB	0.241	0.265	28.90

续表

Color	BCP Colors		
	x	y	$Y(\mathrm{cd/m^2})$
DB	0.212	0.236	10.76
SP	0.272	0.156	18.43
LP	0.290	0.242	49.95
MP	0.287	0.222	22.93
DP	0.280	0.181	7.60
SR	0.549	0.313	22.93
LR	0.407	0.326	49.95
MR	0.441	0.324	22.93

注：颜色名称中的第一个字母表示切割[饱和(S)、浅色(L)、静音(M)和黑色(D)]；名称中的第二个字母是指色调[红色(R)、橙色(O)、黄色(Y)、黄绿色(H)、绿色(G)、青色(C)、蓝色(B)和紫色(P)]。

5.1.2　图像色彩风格聚类

首先将颜色从 RGB 转换为 CIELAB，需要转换为 XYZ 空间[见式(5-1)]：

$$\begin{bmatrix} X \\ Y \\ Z \end{bmatrix} = \frac{1}{0.17697} \begin{bmatrix} 0.49 & 0.31 & 0.20 \\ 0.17697 & 0.81240 & 0.01063 \\ 0.00 & 0.01 & 0.99 \end{bmatrix} \begin{bmatrix} R \\ G \\ B \end{bmatrix} \tag{5-1}$$

与 RGB 类似，CIE(Commission International de l'Eclairage)XYZ 颜色系统定义了 X，Y 和 Z 三个向量，它们可以组合产生任何颜色。任何颜色都可以通过每个成分的正量的线性组合来创建(与 RGB 不同，RGB 需要添加负红光以获得蓝绿色范围内的某些颜色)。通过将以下线性变换应用于 RGB 空间[139]，可以获得 CIE XYZ 颜色空间。

从 XYZ 空间转换为 CIELAB 颜色空间[见式(5-2)、式(5-3)]：

$$L^* = 116 f\left(\frac{Y}{Y_n}\right), \quad f(t) = \begin{cases} t^{\frac{1}{3}}, & t > \delta^3 \\ \dfrac{t}{3\delta^2} + \dfrac{2\delta}{3}, & \text{其他} \end{cases} \tag{5-2}$$

where $\delta = 6/29$, resulting in value in the range $[0, 100]$.

Similarly, a^* an are defined as[20]

$$a^* = 500\left[f\left(\frac{X}{X_n}\right) - f\left(\frac{Y}{Y_n}\right)\right], \quad b^* = 200\left[f\left(\frac{Y}{Y_n}\right) - f\left(\frac{Z}{Z_n}\right)\right] \tag{5-3}$$

CIE $L^*a^*b^*$(CIELAB)颜色空间将非线性变换应用于 CIE XYZ，以

更准确地反映人类如何感知色度和亮度差异的对数方式[4]。对于标称白色值(X_n, Y_n, Z_n)[选择为 CIE D65 标准$(0.9642, 1, 0.8249)$],L^*(亮度)分量定义[139]按照 L\C 分量的分布进行聚类。

K 均值聚类分析是最常用的聚类分析方法之一,该算法具有快速、直观、易于实现的优点。对移动终端的背景图像具体聚类操作如下:

(1)确定数据分类的数量 k,并为每个类别定义初始中心。

(2)计算数据与初始中心之间的欧氏距离作为相似度参数,并按相似度参数对数据进行分类。

(3)根据聚类结果重新计算 k 个中心作为各种新的中心。

(4)当获得 k 个新中心时,重新计算每个数据与初始中心之间的欧氏距离作为相似性参数,并迭代循环直到聚类结果满足指标函数。合并配色规则相似的类别(分类结果见图 5-4),并将聚类结果用于更多素材的分类。

图 5-4　合并聚类结果图(见文前彩图)

5.1.3　图像色彩风格特征量化

可通过色彩情感计算进行主色调冷暖的计算,判断图片冷暖风格。目前已有的几种计算方法,例如基于 CIE $L^*a^*b^*$ 色彩空间和 M Rostami 2015,其中 OU's Model 效果较好,最终采用此模型[见式(5-4)]:

OU's Model

$$WC = -0.5 + 0.02(C^*)\cos(h - 50) \tag{5-4}$$

在这个模型的基础上,我们使用了成对比较的方法,用两两比较的方式,分析判断一张图片的色调是冷、暖还是中性。成对比较的方法就是两两比较,找出对象中更接近目标的一方,从而得到彼此关联的比较序列来量化目标特征。我们还使用了一些类似的主观评价方法,如“多数投票”(Majority Vote),由多个设计人员投票并且总结出了三种调性的界定值:数值小于 -0.53 的为冷色调,$-0.53 \sim -0.43$ 为中性色调,大于 0.43 的为暖色调,如图 5-5 所示。

(a)　　　　　　　　(b)　　　　　　　　(c)

图 5-5　图片色调示例(见文前彩图)

(a) 冷色调;(b) 中性色调;(c) 暖色调

5.2　智能界面色彩生成框架

5.2.1　界面色彩一致性感知

在移动终端智能界面色彩体系中,色彩和谐的界面设计可以引导用户流畅使用,提升其操作体验。目前,几大主流操作系统均对其界面色彩设计语言有了较明确的定义。iOS 系统提供了一套完整的标准品牌色(Tint Color),主要用于各个应用不同的高亮色、标签色的表示;6 个不同明度的灰色(Gray Color),用于各类填充;以及一套功能色(Semantic Color),用于在不同的模式下区分层级顺序。谷歌的设计语言 Material Design 也提出了颜色主题的概念,将主题色板分为主色、辅色、功能色以及字体颜色等 12 个颜色,其中主色和辅色每个颜色各派生出 10 个暗阶以用于部分位置的色彩填充。iOS 与谷歌的界面色彩体系的设计语言保证了整体界面的和谐性与一致性,但在个性化需求日益明显的当下与未来,更灵活的界面色彩生成体系将更好地为用户带来顺畅的操作体验。

　　因此,当思考个性化界面色彩生成时,应首先根据视觉呈现特点对移动设备界面进行划分。本书的主要研究对象为一套基于安卓原生系统的终端设备操作界面。通过分析,将界面分为高频页面、典型页面与延展性页面。高频页面即终端用户使用频率最高的页面,例如拨号、信息页面等;典型页面即该系统中具有特色的页面,例如笔记本、系统原生自动清理页面等;延展性页面则是考虑到由于系统界面的不断迭代更新,易对界面风格带来较大影响的界面。根据迭代更新程度的不同,延展性页面的范围也随之变化。因此仍需要对界面色彩元素进一步分析,剖析抽离出可变与不可变的色彩元素。

　　对移动设备界面进行划分后,分别抽取各类型界面中的典型页面对其视觉色彩元素进行分析。在移动终端界面中,视觉元素主要发挥着信息传递与提供交互功能的作用[140],因此根据信息传递性、交互性的不同侧重,我们将各页面中的视觉色彩元素进行整理分类,依次定义出移动终端界面系统中所需的高亮色、辅色、灰色与功能色,以此为实现整体系统界面的色彩和谐奠定基础。

5.2.2　界面色彩和谐性匹配

　　正如上一小节所提及的,系统界面色彩中的高亮色、辅色、灰色与功能色的界定是界面和谐与统一的基础。因此如何使界面色彩既充分呼应壁纸颜色,又可以满足交互界面内容的清晰呈现是本节主要的探究内容。

　　高亮色是界面中的主要交互色,且部分应用于文字。因此高亮色需具有足够的视觉吸引力,又要保证文字使用时的可读性;在颜色特征上需有足够高的纯度与较低的明度。当遇到红色系背景时,高亮色则需要遵循"功能优先"的原则做特殊处理,使其不与功能色相冲突。

　　辅色是有别于灰色色阶的界面控件填充色,多应用于小面积背景填充。辅色颜色范围较广,色彩表现力强,特殊位置的辅色可起到"点睛"的效果。我们将辅色分为两种:主要提供交互功能的辅色与主要提供信息传递功能的辅色。交互功能辅色为界面中具有明确交互导向的控件元素填充色,例如添加新笔记的"＋"虚拟悬浮按钮的底色;信息传递功能辅色为界面中不具备可交互操作功能,而是提供固定语义功能的填充色,例如设置界面中,各个可调具体类别前方标志图形的底色。

　　灰色是界面控件的大面积填充色。为了增强整体界面彩与壁纸一致性的感知度,我们将常规的灰色色阶根据壁纸图片的冷、暖或中性色调进行了扩展。

　　功能色是具有明确功能指向性的颜色,例如标示"未接来电"的红色。因此功能色具有一定的语义认知,当功能色在根据壁纸变化时,需要探究怎样的变化范围能够使之得以延续已有的语义认知。

　　通过定量化方法对移动终端壁纸主图进行分析后,根据所得高亮度、高饱和与暗调三类图片具有的不同色彩风格对高亮色及辅色进行取色范围界定。在确定取色条件与颜色演变规则之前,首先对用户设定的终端设备壁纸图片进行色彩聚类及提取,并根据色彩在图像中的占比顺序排列。

　　为实现将壁纸图片色彩感延续并保持清晰的交互指向,我们邀请了8位具有移动终端交互设计经验的设计人员,请他们根据壁纸与提出的色彩在抽取的 6 页(为 1 套)典型页面上进行配色,并向每位设计人员提供了涵盖三类色彩风格的 12 张壁纸图片。在得到设计人员的配色结果之后,通过"多数投票"方式得到设计人员们认可的 9 套典型页面配色,经过比对配色页面的颜色色值与壁纸提取颜色色值得到系统界面生成色彩的演变规则。高亮色与交互功能辅色的调色规则见表 5-2 和表 5-3,实际应用效果见图 5-6。信息传递辅色因其所传递的信息具有固定语义,故而需要根据壁纸图片的冷暖色调进行调色。设计人员以系统原生的信息传递辅色为基础中性色,调整生成冷暖信息传递辅色各一套。

表 5-2　高亮色调色规则

图片类型	高亮色调色规则
高亮度	取图片色彩提取第一主色,将该色 L 值调整至 30
高饱和度	取图片色彩提取第一主色,将该色 L 值与 C 值均调整至 25
暗调	取图片色彩提取第一主色

表 5-3 交互功能辅色调色规则

图片类型	交互功能辅色调色规则
高亮度	除第一主色外,若存在色彩占比超过 5% 且 C 值在 0~90 间,L 值在 80~100 间,选取该颜色;若无满足条件的颜色,使用第一主色
高饱和度	单一色系:取第一主色
	两分色系:取第二主色
	多色系:取第二、三主色中 C 值更高的颜色
暗调	除第一主色外,若存在色彩占比超过 5% 且 C 值大于等于 50,L 值在 45~75 间,选取该颜色;若无满足条件的颜色,使用第一主色

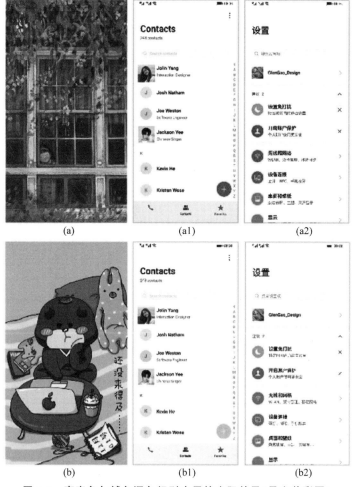

图 5-6 高亮色与辅色调色规则应用的实际效果(见文前彩图)

其中高饱和度类型图片由于色彩饱和度高,整体视觉风格易受到色调(Hue,H)数量与所占面积的影响。因此又将高饱和度组图片细分为三小类,分别是:单一色系、两分色系(指图片中两种不同色调颜色占比超过总面积的 70%,且两色调占比面积比例小于等于 7∶3)和多色系(除以上两种分类之外的其他高饱和度图片)。

除高亮色与辅色外,灰色也是终端设备界面系统中非常重要的视觉色彩元素,因此通过"多数投票"的方式,设计人员选择将目前绝大部分系统使用的单一灰色色阶扩展至多色彩灰色色阶,见图 5-7。根据不同的色调以及界面所需灰阶梯度,设计了面向三类壁纸图像类型的有彩灰阶。

图 5-7　有彩色灰阶应用于键盘大面积填充的实际效果(见文前彩图)

5.3　界面色彩功能性感知与评价

在用户界面中存在具有一定的语义认知的功能色,比如在一项测试用户界面控件功能的调查里,用户对红色作为"删除"操作的功能有强烈的共识[141],功能色纯度高容易吸引人的注意,例如红色作为长波颜色具有唤醒的作用[142]。如果壁纸中出现了与功能色十分接近或对应的颜色,那么这个颜色是很容易给用户留下印象的,所以我们会选用这个颜色去替换对应的功能色,因此我们需要探究在什么样的变化范围内,这种语义匹配关系是成立的。应针对功能色的几大特点进行用户研究,确定功能色的 LCH 值的调整阈值。首先是语义一致性——调整后不能改变功能色语义;其次是醒目性——保证功能色依然具有一定的提示性;最后是易读性——功能色往往用在文字上,需要有一定的对比度以保证易读性。我们通过人因实验的方法以 LCH 色彩空间为基础,确定"未接来电"的颜色变化可接受范围,依然符合有"未接来电"语义的色彩阈值和明度纯度的范围。

5.3.1　实验设置

在实验开始前,我们先对部分用户进行简单的前期调研。根据用户访谈的结果,确定色相 H 变化范围的边界为紫色系和橙色系,用户对于颜色的要求总结下来有两个:一个是与其他来电颜色区分够明显,例如红黑对比最明显,蓝色或紫色比较靠近黑色,其对比不明显;另一个是"未接来电"的颜色要足够清晰,例如像浅黄这种颜色对比度不够,会容易看不清数字。根据前期调研结果,我们在 LCH 色彩空间中设置相对宽泛的色彩阈值范围。

按 LCH 色彩空间取色,亮度 L 的值取 40~70(若 L 过大,某些 H 值颜色太浅,无法引起注意,与手机白色背景的对比度不足,可读性不够,如橙黄色;若 L 过小,某些 H 值颜色太暗,和其他来电的颜色黑色对比度不足,区分度不够明显,如红棕色),饱和度 C 取 80~100(当 C 低于 80 时,某些 H 值颜色不够鲜艳,不足以引起注意),H 值取[(紫色系)340~0~60(橙黄色系)]两个边界,LCH 的范围设为 L(40,55,70)* C(80,100)* H(340,0,20,40,60),在此范围内随机选 30 个颜色,每个颜色一张图片,让用户做主观评价。

根据 Seagull 等的研究[143],图像质量涉及的评估维度有亮度、照明均匀性、焦点均匀性、颜色、细节、锐度、对比度等方面;而 Kim 等[144]认为影响移动设备图像质量的心理物理学因素有自然程度、清晰程度、锐度、对比度、颜色丰富度、喜好程度等。对"未接来电"的语义涉及的维度,使用 7 点量表,对"未接来电"颜色的自然程度[1(非常不自然)—7(非常自然)]、颜色对用户的提醒程度[1(非常不明显)—7(非常明显)]、符合使用习惯程度[1(非常不习惯)—7(非常习惯)]、接受度[1(非常难以接受)—7(非常容易接受)]进行打分。

5.3.2　实验过程

为更好地确定色彩阈值的边界设定,我们先招募了 12 名在校大学生进行预实验,参与色彩主观调查问卷。问卷每次会向参与者依次呈现相同布局排版的不同色彩的界面,30 张图片随机呈现,每呈现一张图片参与者进行一次主观评价,主观评价以 7 点量表打分的方式进行。实验材料示例见图 5-8。

实验结果表明,对于紫色系大部分人不能接受,尤其是亮紫色,暗调的橙色系也不能被接受。亮度为 70 的颜色与背景对比不足,评分较低。根据

图 5-8　通话记录界面,带有功能色的未接来电(见文前彩图)

预实验结果,调整正式实验材料,将色相范围缩小: 去掉色相为 340(紫色调)以及 60(橙黄色调)的色相水平,H 范围为 0~50,亮度范围调整为 40~60;对于 H 为 50(橙色调),亮度范围调整为 45~60。正式实验设置 L(40,55,60)*C(80,100)*H(0,20,40,50)共 24 张图片做主观评价(H=50 时,L 水平为 45,55,60)。在校园里重新招募 24 名在校大学生,将调整后的材料按照预实验的流程再进行一次。

5.3.3　实验结果分析

根据参与者的打分,所有实验条件下的颜色提醒程度都是足够的。对于颜色的自然程度、使用习惯程度以及接受度来说,中高亮度及高饱和度的紫色系打分较低,其中接受度均值在 4 以下的是饱和度和亮度较高的紫色系,见图 5-9。

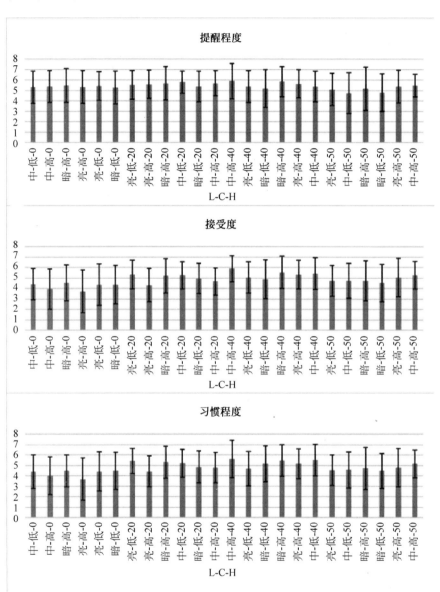

图 5-9　实验结果均值

当色相是紫红色系且亮度和饱和度同时过高时,用户习惯程度和接受度偏低,此时颜色偏亮粉色、桃红色;橙色系亮度和饱和度同时过低时,相比于传统界面,用户的习惯程度和接受度偏低,此时颜色偏红棕色,见图 5-10。

自然程度	色相 (p=0.001)	H=0<H=20
		H=0<H=40
		H=50<H=40
提醒程度	饱和度 (p=0.004)	C=80<C=100
	色相 (p=0.008)	H=50<H=20
		H=50<H=40
习惯程度	色相 (p=0.001)	H=0<H=20
		H=0<H=40
		H=50<H=40
	色相*饱和度 (p=0.004)	当色相为0时, 饱和度=80>饱和度=100, p=0.007
		当饱和度=80, H=0<H=20, H=50<H=40
		当饱和度=100, H=0<H=20, H=0<H=40
接受度	色相 (p=0.004)	H=0<H=20
		H=0<H=40
		H=50<H=40
	亮度*饱和度 (p=0.031)	当亮度为45时, 饱和度=80<饱和度=100, p=0.033
	色相*饱和度 (p=0.001)	当饱和度=80, H=0<H=20, H=50<H=40
		当饱和度=100, H=0<H=40, H=20<H=40

图 5-10　实验结果

5.3.4　实验结论

在所有实验水平下,我们提供的颜色的提醒程度都是足够的。对于颜色的自然程度、习惯程度以及接受度来说,中高亮度及高饱和度的紫色系用户打分较低,其中接受度均值在 4 以下的均是饱和度和亮度较高的紫色系。

对于显著性分析来说,如图 5-10 所示,紫红色系(H＝0)的自然程度显著低于 H＝20 及 H＝40 的红色系,橙色系(H＝50)的提醒程度显著低于 H＝20 及 H＝40 的红色系。对于习惯程度和接受度来说,紫红色系和橙色系均显著低于 H＝20 及 H＝40 的红色系。而对于交互效应来说,当颜色为紫红色系时,低饱和度的习惯程度高于高饱和度;当橙色系亮度最低(L＝45)时,高饱和度的接受度大于低保和度。

因此,当 H 是紫红色系时,亮度和饱和度同时过高时用户习惯程度和接受度偏低(此时颜色偏亮粉色、桃红色),橙色系亮度和饱和度同时过低时用户习惯程度和接受度偏低(此时颜色偏红棕色)。根据均值标准差结果以及显著性分析,给出"未接来电"的颜色色域方案,如图5-11所示。

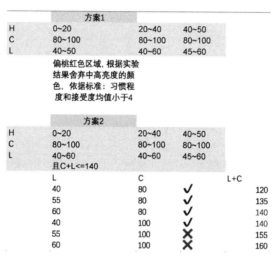

图 5-11　颜色色域方案

5.4　小　　结

在移动终端界面设计中,设计人员在做一张界面的配色时,往往需要考虑不同的界面设计准则。首先是要符合一定的审美范式,界面中的色彩能够相互和谐搭配或满足色彩的流行趋势;其次是要满足用户的功能需求,界面中的色彩要与其原本的语义相符,并且满足阅读和使用的功能;最后是满足用户的个性化需求,界面中的色彩能够尽可能地满足不同用户的喜好。

因此,基于界面的个性化设计特征,本章进一步在色彩生成方面介绍了移动终端界面的智能设计方法。主要方法是基于界面主图的色彩分布进行聚类,得到了主图色彩风格分类,定义图片色彩的冷暖关系,对移动终端的不同功能的页面进行总结,定义色彩匹配规则。最后根据移动终端不同界面所在的位置,对应规则进行色彩匹配演绎。在此基础上,计算页面文本与背景色的对比度,使文字对比度满足4.5∶1的对比度要求,从而满足用户在移动终端的阅读需求。此外,对界面中的功能色(如红色的色彩替换)做特殊考虑,通过用户实验的方法,获得用户接受的功能色的变化阈值。这样的界面色彩自动生成方法可以做到在保证界面色彩和谐的同时,不影响信息的传达。研究结果表明,此方法生成的用户界面色彩主题,允许用户随意更换主图,进而获得属于自己的色彩匹配,极大程度地满足个性化界面在色彩中的设计需求。在满足用户审美感知、功能性使用和个性化选择的情况下,生成智能界面色彩设计框架。这种生成方法极大地代替了设计人员的大量手工操作,同时允许用户按照自己的喜好进行选择。

第6章 规则约束的界面图像设计开发与应用

基于前文介绍的界面设计特征、色彩风格分析的模型和方法,本章开发了基于规则约束的移动终端界面图像生成系统,包括图文混排的布局生成、主色引导的色彩匹配、基于内容感知的布局优化以及多分辨率的自动适配。为了验证系统的实际效果,本章以移动终端界面的广告头图(banner)为例,进行实际应用。

6.1 图文混排图像的布局生成

在移动终端界面的广告图像中,对各个元素的位置关系进行定义,根据设计人员的设计经验和界面广告的设计法则对其进行规则性的设计模板总结,从而量化不同的图像布局。这些模板包括左右布局、居中布局和上下布局等。利用不同的模板可以生成多样化的布局设计结果。此外,考虑到图文混排的布局中还存在文字的大小、字体、字间距等不同内容特征,图像中还存在大量字符形式的文字内容,本节会介绍不同情况的文本布局的生成方法,以最终实现移动终端界面的广告图像布局生成。广告图像中的元素主要由文本、色彩、图像三部分组成,如图 6-1 所示,涉及排版的元素有文本和图像,本节主要介绍图文混排的布局生成方法。

图 6-1 图文混排的设计元素

6.1.1 图文的布局分类

图文布局的最本质内容,就是根据特定的题目和内容,用视觉元素(包括文字、图像及色彩等）来进行排列组合，从而传递视觉信息[145]。同时，这些元素需要尊重创作规律和设计原则，才能收到最佳视觉呈现效果。《基于视觉心理学的版式设计分析及应用》[146]提到版式设计需要遵守的规则，包括以下五点：思想性和突出性、艺术性和装饰性、趣味和创意性、整体性与协调性、功能性。按照视觉构成元素可以分为点、线、面，在版式设计中，这些元素无处不在，它们之间形状、大小、颜色的对比构成了一个完整的画面。这些元素之间相互配合形成了不同的版式。为了实现最终图文布局的生成，根据上述特征和现在移动终端广告图像常用的 7 种尺寸，总结出 24 个图文混排的模板。这些模板分为两大类，分别是横构图和竖构图。横构图根据不同内容和尺寸分为左右布局和左中右布局，竖构图同样根据不同内容和尺寸分为上下布局和上中下布局，这基本涵盖了图文布局的排列结构。

　　左右布局横构图如图 6-2 所示，包括一个主标题、两个副标题，同时有一大一小两张图片。在采用的模板中属于情况较复杂的一种，因此，选择以

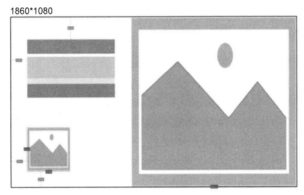

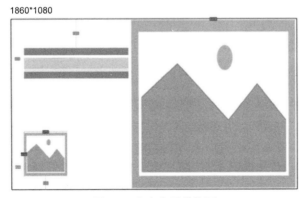

图 6-2　左右布局横构图

此模板为例进行说明。相比较而言,主标题的大小和长度很大程度上决定了广告平面图像的美观度和易读性。为了合理适配所有标题长度的图像,我们分别就 1～4 字主标题和 5～10 字主标题进行模板的设计。副标题的文字长度则需要根据主标题长度来调节对齐方式和字间距。

左中右布局的排列方式从左至右为小图、标题组、主图,上下居中,如图 6-3 所示。这种方式可以保证人们在阅读中保持松—紧—松的节奏感和韵律感,使人们的注意力集中在标题上,减少读图的精力负担,同时将主图和小图隔开,避免二者风格差异较大引起的不和谐感。

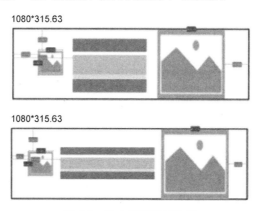

图 6-3　左中右布局横构图

在长图的阅读中,人们的视觉注意力会从左至右呈现一个长距离流动状态,因此我们以信息传达的重要性为主要参考依据,删减了小图,突出标题和主图,如图 6-4 所示。

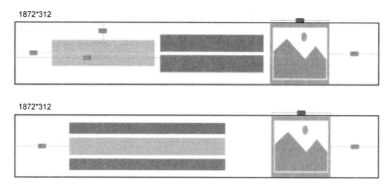

图 6-4　长布局横构图

　　在竖版模板中,采用上中下布局竖构图,居中对齐的版式对于图片素材的结构要求较低。在几种版式中,这种版式最能保证最终的视觉效果。更改对应数据后,即可将对应位置翻转为主图在下、标题在中、小图在上的版式,如图 6-5 所示。

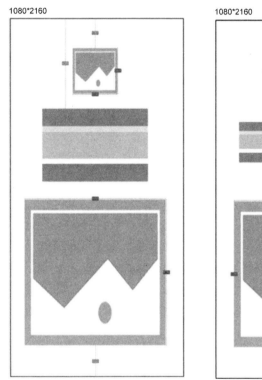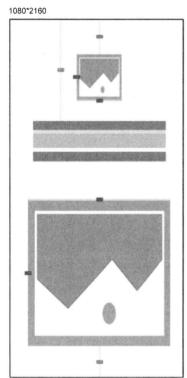

图 6-5　居中布局竖构图

　　为了适配所有长宽比的头图,我们根据生成的头图的长宽比来选择最接近该长宽比的模板,且将模板的尺寸比例按照尽可能接近将来可能使用的长宽比例来设置。这种办法来源于网站设计中的栅格式设计,并且在很大程度上保证了广告图像最终呈现的美观性。相较于普通的网格式模板来说,我们选择的模板能最大限度保证图片和文字的可读性(例如,网格式设计很容易出现 n 栏到 n+1 栏时,页面中的空白和比例失调,目前网站浏览方式大多为瀑布流式,所以并不影响视觉效果和阅读,但在广告图像设计中需要进行改进)。图 6-6 为不同尺寸的网格模板。

图 6-6　不同尺寸的网格模板

6.1.2　多行文本布局

文本布局在广告图像中具有重要作用,按照意义组织页面上的信息是信息传递的关键,构成头图的三个部分均可以为用户提供信息,其中文字作为直接表义的主要手段,其传递信息的作用尤为关键,同时文字也能够对图像做出补充和细化。一张完整的广告图像的最基本元素是文字和背景,或者文字加主体物图像,或文字、主体物图像和背景三者并存(见图 6-7)。由此可见,无论如何都是会有文字出现的。因此我们对排版中的文字呈现做了模板定义和分类。

在进行广告图像设计时,我们需要把文字放在一个相对独立的区域或色块中,这样更便于文字阅读,也能让文字的视觉焦点加强。在这个文本块内,有几个因素影响文字排版:字间距、字高、行距。文字排版设计的要素需要考虑字高、字间距、行距之间的关系。假设字宽约等于字高,

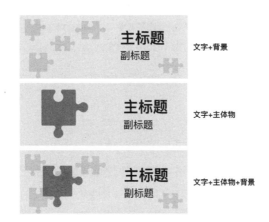

图 6-7　文字、主体物图像和背景三者出现的不同情况

因为字高是固定的,字宽不固定,视觉上我们更容易看到字宽的关系,但实际设计中应当以字高为依据。字间距最少不能少于字高的 1/6,最大不能超过字高的 1 倍,字高的 1/6～1/2 是舒适区(见图 6-8)。如果需要拉大字间距,可以在空隙处加装饰。主副标题行距的最佳值约为主标题字高的 1/4。

图 6-8　字间距的比例

因此我们规定字号与字高相关,目前给出的模板限定了字高在各个版式中的百分比(即限定了各种显示下相应的字高)。而根据调研,我们给出字间距的最大值和最小值:最大不能超过 1.5 个字高,最小不能小于 0.15 个字高。据此(见图 6-9),定出如下标准:(1)当文字填满模板区域时,如果自动生成的字间距大于最大字间距,则放弃填满模板主标题设定区域的策略,改用固定字间距为 1.5 个字高的策略(即文字略短于模板给出的区域长度);(2)当文字数目过多,导致填满区域时自动生成的字间距小于最小字间距,则放弃填满模板主标题设定区域的策略,改用固定字间距为 0.15 个字高的策略(即文字略长于模板给出的区域长度)。

图 6-9　主副标题间的行距比例

6.1.3　文字排版要素

　　对齐方式是文字排版的重要因素之一。我们总结了 10 种主副标题长度比值不同时的对齐方式，以适应不同情况的文字排版。当长度差别较小时，可以调整字高和字间距使其两端对齐，长度差别较大时则根据情况选择左对齐或居中对齐。假设每两个相近颜色的长度差值是视觉上认为可被忽略或者相近的（可以用副标题/主标题百分比表示），超过这个值则表示在视觉上的长度差无法忽视，根据每一行标题的字数，也就是标题长短的不同，其符合审美标准的排列方式也不同，如图 6-10 所示。

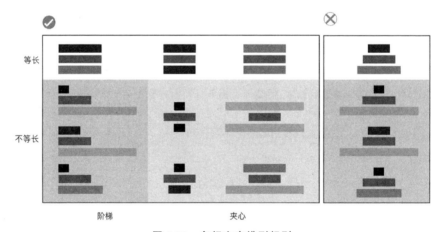

图 6-10　多行文字排列规则

　　除此之外，版式不同，对齐方式也不同，如图 6-11 所示。由于中文的阅读习惯是从左到右，所以左右布局的图文排布，在文字的排列上也会不同。居中对齐适用于版面无主图或者对称时，如果在主图放在一侧的情况下使用居中对齐，两端的起伏边就会使画面凌乱。主图在右侧时，两端对齐和左对齐都可以，但也都有缺陷：左对齐和右主图依然有一侧起伏边带来凌乱感；而两端对齐则显得过于呆板，但这样的排版仍是可以被考虑的。最恰当的方式是靠近主图的一边是对齐的，但如果主图在左边，则一定要避免选择右对齐,因为人的阅读习惯是从左往右,选择右对齐会导致视线起始处有起伏边,降低可读性。起伏边并不完全意味着凌乱,合理的起伏边会增加画面的动感,且能使读者视线迅速换行。

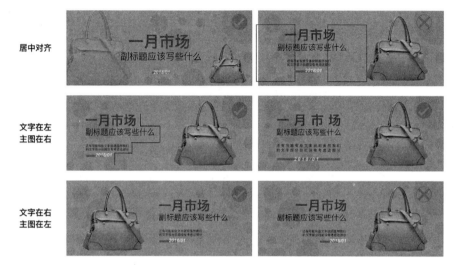

图 6-11　图文混排的不同对齐方式

因此,以主标题、副标题 1、副标题 2 和文本为对象,规定布局的排布规则是,主标题与副标题的行距按照上一节所述各版式设计中的行距固定,其中文本行距为 1.2 倍。英文标题对齐方式是,当主标题与副标题除英文主标题为有衬线体时均为左对齐,英文有衬线体做主标题时居中对齐,如图 6-12所示。

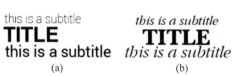

图 6-12　英文标题对齐方式

(a) 英文主标题为有衬线体时均为左对齐；(b) 英文有衬线体做主标题时居中对齐

总的来说,首先根据版式确定文字的对齐方式,适当情况下可以调整版式。然后确定主标题字高,根据给出的主标题字高与副标题字高、行距、字间距的关系确定其他因素。这个关系可以是一个范围,因此可以进行动态调整。最后给出文字区域整体长度和距离头图边界的限制,并对最大字高和最小字高进行约束,约束的参考值使用手机物理屏幕的宽度。所有关系的给出均是以此为基础的百分比值。设字高为 a,主标题与副标题的字高比值最优为 1.382,由于主标题字高 a1 已知(模板规定),因此可知副标题字高 a2[见式(6-1)]:

$$a1/a2 = 1.382 \qquad (6\text{-}1)$$

行距为 b,主副标题行距的阈值为 1/4a~1/3a;字间距为 c,主标题字间距为 1/12a,副标题字间距为 2/3a,主标题与副标题的长度差距用比值定义。主标题长度为 L1,副标题长度为 L2。主副标题的差距见式(6-2):

$$L1/L2 = \{a1 * n1 + b1 * (n1-1)\}/\{a2 * n2 + b2(n2-1)\} \qquad (6\text{-}2)$$

在文字排版中,同一张图片的字体种类最好不超过 2 种。为了保证画面整洁,字体应当尽量统一(字体不同指宋体与黑体这类的区分,宋体常规体与加粗体为一种字体的两种形式),若使用同一种字体显得呆板,可以考虑不同的粗细或使用斜体。例如可使用粗体作为主标题,因为加粗在视觉效果上起强调作用;可使用细体或者斜体作为副标题,因为细体或斜体会适当削弱识别度。

主标题选择有衬线字体时,副标题优先选择有衬线字体;主标题无衬线时,副标题字体选择自由度更高。不同的字体搭配起来会给人不同的感觉。有衬线字体适用于经典、复古、文艺的风格;无衬线字体则更加现代、简洁。在主副标题搭配时,使用同类型(比如都使用有衬线,或都使用无衬线)会突出稳重感,而有衬线字体和无衬线字体混合使用会使文字区域整体更生动,但效果的好坏浮动较大。图 6-13 是有无衬线字体搭配使用的心理模型。对此我们建议,需要注意两种混合字体之间应有足够的差异,例如,Helvetica 字体和 Arial 字体混合差别很小,只有专业人士才能区分。

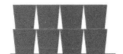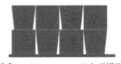

衬线字体(serif)心理模型　　无衬线字体(sans serif)心理模型　组合(serif & sans serif)心理模型

图 6-13　有衬线字体和无衬线字体使用的心理模型

合理运用艺术字体。对于风格明显的头图(例如游戏类炫酷风、中国风、严肃题材等),可以适当对主标题进行风格化,运用相关主题的艺术字体,使文字具备图像感,提升视觉吸引力,如图 6-14 所示。主标题较长的情况下也可以提炼其中的关键词进行风格化。

我们设定了两种字体自动布局的规则。为了简化规则,主标题的字体

图 6-14　艺术字体的使用

选用较常规的字体，以搭配正文。以中英文各两种字体作为示例（见图 6-15），无衬线字体适用于更有现代感的、简洁的风格；有衬线字体适用于优雅、正式的风格。定义了两种情况：一种是中文主标题、中文副标题、英文副标题；另一种是英文主标题、中文副标题、英文副标题。当主标题是中文时，规定两种字体情况，即一组有衬线字体和一组无衬线字体。无衬线的字体组合是冬青黑简 w6（无衬线）、冬青黑简 w6（无衬线）、Roboto Regular，有衬线的字体组合是宋体简黑（有衬线）、宋体简黑、Gill Sans MT Regular。当主标题是英文时，同样规定有衬线字体和无衬线字体两组情况。无衬线字体的组合是 Helvetica Bold（无衬线）、Helvetica Bold（无衬线）、Roboto Regular，有衬线字体的组合是 Baskerville Regular（有衬线）、Baskerville Regular（有衬线）、Garamond Italic。

副标题	主标题-中文		主标题-英文	
	冬青黑简 w3	宋体简黑	Helvetica Bold	Baskerville Regular
副标题-中文	苹方简 细体	仿宋 Regular	冬青黑简 w3	仿宋 Regular
副标题-英文	Roboto Light	Adobe Gurmukhi Regular	Calisto MT Italic	Garamond Italic

主标题是这样
副标题是这样

主标题是这样
副标题是这样

This is a title
副标题是这样

This is a title
副标题是这样

主标题是这样
this is a subtitle

主标题是这样
this is a subtitle

This is a title
this is a subtitle

This is a title
this is a subtitle

图 6-15　有衬线字体和无衬线字体排版样例

6.2　主色引导的图像色彩匹配

在自动排版的过程中，颜色的匹配是很重要的，本节介绍的是一种基于风格化色板的电子海报色彩自动匹配方法。在图文排版中，进行主题色板的匹配，并且根据主题色板计算生成用于背景、文字、纹理的颜色，生成结果使得整个排版前后景明确区分,文字可读性达标,纹理相对于背景不突兀,渐变色和谐美观。

6.2.1　风格化特征感知

本小节为排版考虑以下几类颜色:(1)背景颜色(一个纯色,或者是两个颜色的渐变);(2)纹理层颜色(需要考虑色值和透明度);(3)主标题、副标题等文字颜色(具体数量由排版需求和风格颜色模板确定);(4)装饰色(具体数量由排版需求和风格颜色模板确定)。如图 6-16 所示,先选择主题风格,再输入主图,计算主图的加权平均 H 值。去除主图 H 值偏低的颜色后,根据主图的主要颜色匹配背景色色板。为保证主图的可读性,此时调整背景色的饱和度(见图 6-17),调整纹理的透明度,最终输出色板。每一个色板都有五个颜色:第一个是背景色,第二个是纹理色,第三个是装饰色,第四个是主标题色,第五个是副标题色(见图 6-18)。

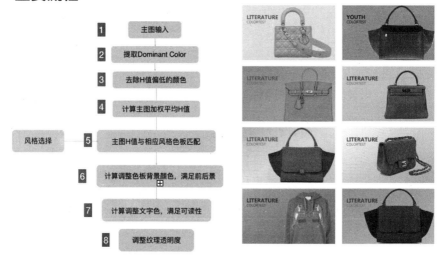

图 6-16　模板匹配主要流程(见文前彩图)

通过各类可能的取色和颜色聚合方法,提取出主图的主色,根据主色匹配选定风格下的和谐色板。设计人员预制了一系列不同风格的配色色板,每个风格中的色板均匀分布在各个匹配色相上。

根据主图设定成套颜色

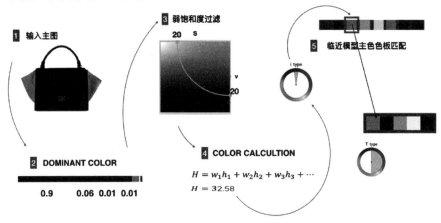

图 6-17　背景色调整（见文前彩图）

风格体系

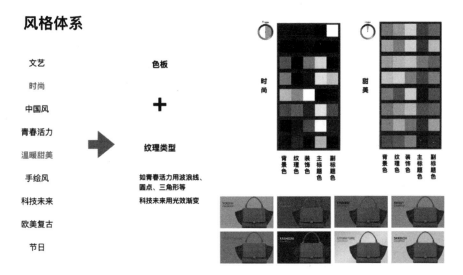

图 6-18　风格匹配系统（见文前彩图）

6.2.2　图像色彩对比度特征调整

在排版时,为满足功能性,需要考虑文字与背景的对比度,满足基本的阅读需求。而在移动终端设备中,对比度是影响可读性最为重要的因素。色相和饱和度对可读性的影响都不大,普通文本至少要满足 4.5∶1 的对比度。大文本(在移动终端,20sp 或 16sp 以上的粗体文本被称作大文本)至少满足 3∶1 的对比度。对比度过高时会导致视觉疲劳和阅读效率下降,因此应谨慎使用大于 18∶1 的高对比度。另外,随着年龄的增长,人的视觉感知对比度的阈值有所上升[147]。色彩对比度如图 6-19 所示。

对比度阈限=正常人对比度阈限*对比敏感度下降值

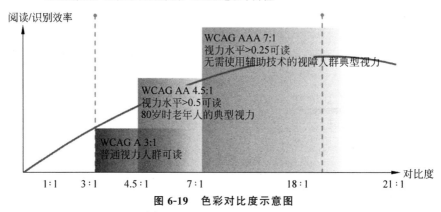

图 6-19　色彩对比度示意图

我们采用的对比度计算公式是$(L1+0.05)/(L2+0.05)$,其中对于 sRGB 空间,$L=0.2126*R+0.7152*G+0.0722*B$,$L1$ 是颜色较浅的相对亮度,$L2$ 是颜色较暗的相对亮度。WCAG 是网页无障碍指南,目前无论是网站还是手机,都遵循此指南。在 WCAG 中,可以看到对比度有三个标准数值,分别代表不同的可读性标准。本书主要用到的是 4.5∶1 的亮度比标准。对比度的计算方法如图 6-20 所示。

图 6-20　对比度的计算方法

当主色占比较大,也就是说图片大部分区域都是一个色系的时候,此时的调色规则是先调节背景色,避免前后景无法区分的问题,使用但不限于使用色彩差异或者 H 差值等方法计算图片主色与背景色的区分性,如果小于阈值,则对背景色的亮度和色值略做调整。同时调节文字颜色,以保证对比度要求。根据设计人员的研究结果,规定当色板背景色(|Hbg-H|)小于阈值或主图与背景色的亮度差值小于 125 时,需要调整背景色的饱和度,调整流程如图 6-21 所示。这样调整出来的颜色在对比度和色阶以及文字可读性上均表现良好。

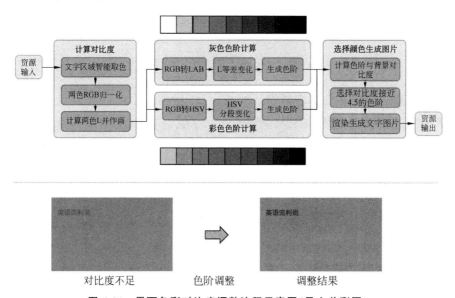

图 6-21　界面色彩对比度调整流程示意图(见文前彩图)

6.2.3　图像色彩亮度特征调整

图像色彩的亮度特征受多方面影响,为了保证自动生成的色彩调节纹理透明度符合阅读标准,根据之前给出的色彩距离的计算方法,计算纹理色与背景色色彩距离。如果小于阈值,在不同的氛围内会取用不同的纹理透明度。如果规定的纹理色与背景色色彩差距大于设定好的阈值,这个时候需要降低纹理透明度。计算过程如图 6-22 所示。

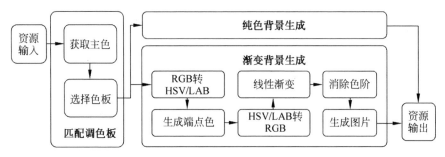

图 6-22　图像色彩亮度特征调整流程

6.3　基于感知特征的布局优化

　　为了适应多样化的布局设计结果,可以对图像中主图元素内容的位置关系进行微调,以优化已有的模板布局。我们知道,在实际的设计工作中,在确定了版式、文字、色彩等元素的设计排布后,设计人员还会根据主图的具体内容在画布中微调这些元素的具体位置,以获得更具设计感和审美价值的广告图像。比如在排版中遇到人像时,设计人员会把人脸距离边界的空间留得相对大一些,使画面看起来通透舒适。这就需要在自动排版的过程中特殊考虑,尤其是基于规则定义的模板的自动生成需要针对每个尺寸,根据实际的图文内容,考虑图片占比等,最终通过智能算法去选择一个合适的显示比例,同时算法规则中也需要考虑图片重点区域的显示问题。

　　以人像内容排版为例,提取若干个人像排版中的视觉焦点区域图,如图 6-23 所示。

　　根据视觉焦点区域图提取人脸五官区域、视觉注意焦点区域 1(权重最大),将其放在模板框里作为视觉中心点。当区域 1 无法填充模板框时,将区域 2 放入模板框中;区域 3 焦点值 Value<某阈值时,不予考虑,如图 6-24 所示。

　　将长宽比从大到小排列发现,人物面部五官的识别区域集中在三分线及斐波那契螺旋线附近。图片的长宽比越大(即图片越扁),主图距中心越远,反之图片越靠近中心。图像成竖版构图时,人物主图则居中对齐。图片

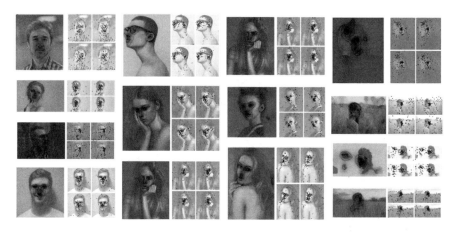

图 6-23　人像排版中的视觉焦点区域图

图 6-24　视觉中心区域焦点值

的长宽比越大,五官框越靠近斐波那契螺旋线,长宽比越小越靠近三分线。根据图像的长宽比,人物五官位置和比例呈线性变化,如图 6-25(a)所示。

按照长宽比的长横向排列,人物五官的位置区别不大,也集中在三分线附近。统一标准后,适用横版左右式排版的人脸五官框,可以锁定在距上边 30%、距下边 40% 的区间内,如图 6-25(b)所示。

按照图像的尺寸与人物五官的区域面积对比,我们发现:图片的长宽比越小,五官面积占比越大,反之则五官面积占比越小。根据已有的图像模板的尺寸,人脸的面积占比在 2.0%～6.9%,如图 6-25(c)所示。

因此,根据五官区域在各分辨率中的位置、面积占比等样本数据分析得出胸像人物主图在已有头图模板中的排版规则公式见图 6-26。

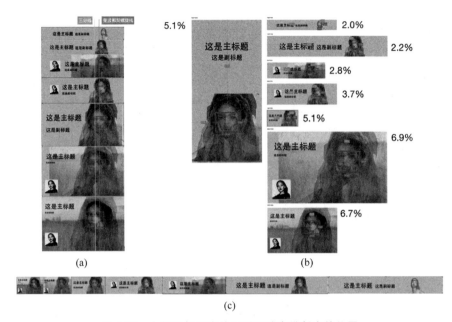

图 6-25　人物面部五官的识别区域在排版中的位置

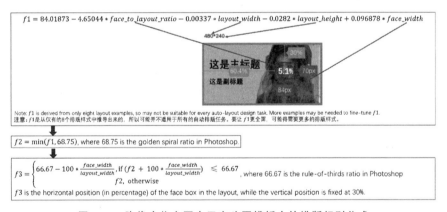

图 6-26　胸像人物主图在已有头图模板中的排版规则公式

6.4　多分辨率的自动适配

　　如何确定新尺寸画布中各元素的比例和位置？如图 6-27 所示，首先，根据目标图片的分辨率来选择模板。在预设的模板库中，每一套模板都包含不同宽高比的模板，例如 16：9、4：3、1：1 等。要找出和目标分辨率宽高比最接近的模板 X。然后再把需要呈现的图片和文字内容套入到模板中。模板套用主要分三个部分：布局、色彩、字体。模板中以对齐和百分比设置各元素位置，可以得到各元素比例位置。如何调整文字使其大小满足可读性标准，也是多分辨率适配中的一个难题。首先按照模板中的文字大小位置放置文字，根据不同的行数和字数，设置多套不同文字大小和位置的模板。然后，根据实际尺寸和模板尺寸的放大比例（可以但不限于由画布短边的放缩比例确定），在一定范围内，根据比例对文字进行大小调整。根据不同内容的图片，对主图位置进行微调，同时计算图片中内容偏重（包括但不限于计算 saliency 或者不透明多边形区域的重心等），根据计算结果继续微调位置，如图 6-27 所示。

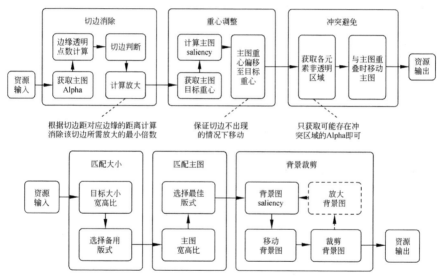

图 6-27　多分辨率适配调整策略和流程

6.4.1　多分辨率适配方法

我们将分辨率按照不同使用场景分为设计分辨率和实际分辨率。其中设计分辨率在本书中代指模板中规定的整个头图的大小，而实际分辨率代指用户期望得到的头图大小。我们以用户设定的分辨率和加载入软件的各个元素作为输入，以已经获得多种分辨率下每一分辨率的数种模板为条件，期望借助已知的模板和分辨率大小，生成用户需要的对应大小的头图。现有的 Android 和 iOS 手机操作系统的多分辨率适配方法大致分为以下几种情况。

　　第一种情况,若设计分辨率和实际分辨率宽高比相同,在实际分辨率的宽高比和设计分辨率相同时,假如实际分辨率是 800×480,正好将背景图像放大 2(800/400)倍就可以完美适配屏幕。这是最简单的情况,如图 6-28 所示。

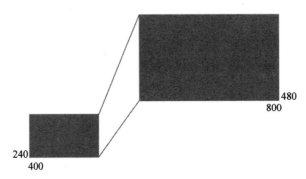

图 6-28　简单情况的多分辨率适配方法

　　第二种情况是适配高度(Fit Height)模式,即假设实际分辨率是 1024×768,在图 6-29 中以红色方框表示实际要求的头图大小。将设计分辨率的高度自动撑满头图高度,也就是将场景图像放大到 1.6(768/480)倍。此时的设计分辨率宽高比大于实际分辨率,我们选择主动的适配高度避免黑边,具体如图 6-29 所示。

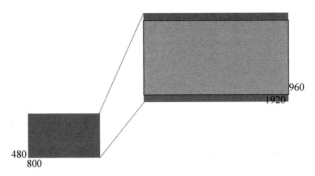

图 6-29　适配高度模式(见文前彩图)

　　这是设计分辨率宽高比大于实际分辨率时比较理想的适配模式,虽然屏幕两边会裁剪掉一部分背景图,但能够保证屏幕可见区域内不出现任何穿帮或黑边。之后可以通过进一步的对齐策略来调整元素的位置,从而保证用户界面元素出现在屏幕可见区域里。

　　第三种情况是适配宽度(Fit Width)模式,假设屏幕分辨率是 1920×960,同样在图 6-30 中以红色方框表示设备屏幕可见区域。设计分辨率宽高比小于实际分辨率,适配宽度避免黑边。将设计分辨率的宽度自动撑满屏幕宽度,也就是将场景放大 2.4(1920/800)倍。具体如图 6-30 所示。

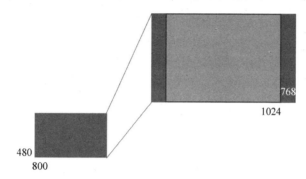

图 6-30　适配宽度模式(见文前彩图)

　　在设计分辨率宽高比较小时,使用这种模式会裁剪掉屏幕上下的一部分背景图。同样需要进一步微调元素的位置从而使图片和各类元素尽可能都在可见区域内。

6.4.2　对齐策略方法

　　相对应的对齐策略也有以下几种。

　　第一种是需要贴边对齐按钮和小元素,对于 logo、角标这一类面积较小的元素,通常只需要贴着屏幕边对齐就可以了。这样设置好元素后,不管实际屏幕分辨率是多少,这个节点元素都会保持在屏幕左下角。例如将元素左边和实际分辨率左边框距离保持 50px,元素下边和实际分辨率下边框距离保持 30px。此时元素始终保持在贴近边角的位置,而不会因为分辨率的改变而影响整体的布局(见图 6-31)。

　　第二种是嵌套对齐元素。将几个元素嵌套成块,分别标记这个块在整个页面中与左边界、上边界的距离,以及块中各个元素与块边界的距离,此时无论整个页面的

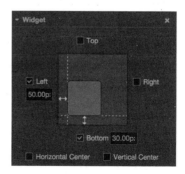

图 6-31　贴边对齐

分辨率做出怎样的改变,这个块内部的关系依然维持相对稳定。依照这样的工作流程,就可以将各个元素按照显示区域或功能进行分组,并且不同级别的元素都可以按照设计进行自己组内的自动对齐,如图 6-32 所示。

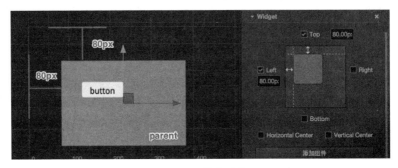

图 6-32　嵌套对齐

第三种是设置百分比对齐。元素某个方向对齐设定之后,除了指定以像素为单位的边距以外,我们还可以输入百分比数值,如图 6-33 所示,这样可以用整个页面的相应轴向的宽度或高度乘以输入的百分比,计算出实际的边距值。在对齐方向开启输入边距值时,可以按照需要混合像素单位和百分比单位使用。比如在需要对齐屏幕中心线的 Left(左)方向输入 50%,在需要对齐屏幕边缘的 Right(右)方向输入 20px,最后计算子节点位置和尺寸,此时所有的边距都会先根据父节点的尺寸换算成像素距离,然后再进行摆放。

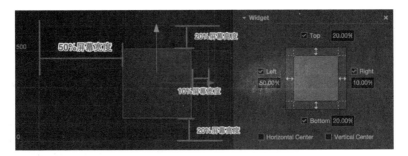

图 6-33　设置百分比对齐

6.4.3　多分辨率适配的流程设计

在多分辨率适配的流程设计中,若宽高比与模板中已有的分辨率的宽高比相同,采用等比缩放的方法就可完成这一步的多分辨率适配。而当宽高比不匹配时,需要结合上述的高度适配和宽度适配来达到更好的适配效果。具体的操作流程如图 6-34 所示。

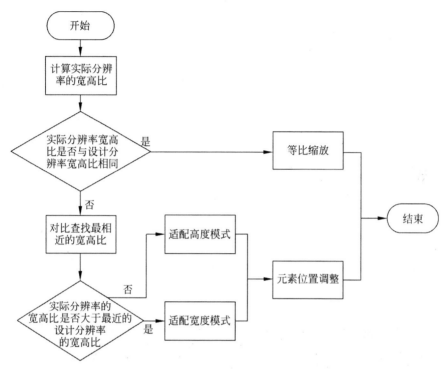

图 6-34　多分辨率适配的流程设计

首先通过计算得到用户输入的实际分辨率的宽高比,然后将实际分辨率的宽高比和已有的设计分辨率各个模板的宽高比相比较。若有完全匹配的比例,则将原图片按照该模板排版后,等比例缩放到要求的大小即可完成多分辨率的适配。但如果没有完全匹配的比例,此时寻求宽高比最接近的分辨率大小。若实际分辨率的宽高比大于这个最接近设计分辨率的宽高比,则采用上述的适配宽度模式。反之,若实际分辨率的宽高比小于这个最接近设计分辨率的宽高比,则采用适配高度模式。不管是采用高度适配还是宽度适配,都有可能使得部分元素超出实际分辨率规定的大小范围。此时就需要借助对齐策略来对元素的定位做出微调,从而使布局更加美观合理。具体的做法是,运用 logo、角标等采用贴边对齐的固定像素值对元素进行再定位,将角落边界的元素固定在距离边界的固定像素值处,防止高度适配或宽度适配引起的裁剪导致的边角元素丢失。此时若边角元素遮挡其他元素,则借助百分比对齐的策略对被遮挡的元素进行重新定位。

6.4.4 多分辨率适配的应用举例

假定现有的分辨率的模板如表 6-1 所示,若用户输入的实际分辨率为 1080×768,计算得宽高比为 1.41∶1,将元素按照 1080×684 的设计分辨率排版。

表 6-1　分辨率—宽高比对照表

分辨率	2460×360	1260×540	1080×684	750×350	760×1280	1080×1620
宽高比	6.83∶1	2.33∶1	1.58∶1	2.14∶1	0.59∶1	0.67∶1

若发现部分元素超出了规定的大小,此时查看所有拥有固定边界距离值的元素(即拥有对齐策略第二条规则的元素),然后将这些元素按照固定值重新调整位置。再去判断是否有与按其他对齐规则的元素重叠的现象,若有重叠,则采用百分比对齐策略,设置百分比对齐距离,从而进行最后的调整。将调整后的图片交给评价机构进行最终的量化评价,进而选出其中较为合理、美观的部分,如图 6-35 所示。

图 6-35　多尺寸自动生成最终效果展示

6.5 智能界面生成系统应用实例

为了推动规则约束的界面智能设计系统及相关技术的市场化,确保研究成果真正满足企业与用户的设计需求,本书的研究方法和相关数据也应用到了企业生产中,具体如下:

(1)相关的技术与研究方法应用于华为移动终端设备"华为商城"的头图设计中(见图 6-36)。运用我们提供的智能辅助设计研究系统,用户只需要输入主标题、副标题、主图和辅图等必要素材,该系统就可以帮助用户自动生成符合美学与设计规则的头图,同时自动适配不同移动终端的尺寸。生成的头图风格统一,视觉效果良好,不仅降低了以往运营经理与设计人员和应用服务商之间的沟通成本,同时也帮助设计人员解决了重复的多尺寸排版问题。

(2)成功实现了华为手机用户界面的色彩自动生成系统。该系统可以根据用户的墙纸色彩风格,自动迁移色彩并且匹配到系统色板中,生成基于墙纸色彩风格的个性化色彩主题。相关功能的应用将在新一代智能移动终端系统中实现。

(3)"图文混排的设计规则""色彩风格化分析""系统自动配色""多尺寸布局"等技术,接下来会服务更多的设计平台,预计年图像处理次数以千万计。

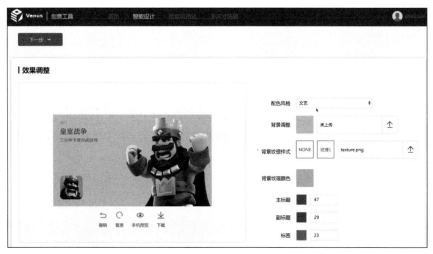

图 6-36 部分自动生成最终效果展示(见文前彩图)

相信随着相关技术越来越成熟,以平面广告图像设计为例的智能设计方法一定能够挖掘更多潜在的设计知识,输出更加多样化与个性化的设计结果。

6.6　小　　　结

本章进一步介绍了移动终端界面智能图像生成方法,并辅以用户实际应用案例。本章详细介绍了图文混排布局的模板设计方法和主色引导的色彩图像风格分析方法。特别是在内容感知模块上,基于设计审美规则总结了基于三分线和黄金分割法的内容感知布局,优化了图文混排的排版规则。在解决多尺寸自动适配问题时,识别各设计元素之间的相对位置,采用对齐策略和元素嵌套成块的策略,实现了图文混排的多尺寸自动适配,满足用户的实际应用需求。最后介绍了移动终端企业的实际案例应用。此方法在用户的实际应用中验证有效,并能极大地提高生产效率,将设计人员从重复繁杂的劳动中解脱出来,为社会设计生产发展带来了切实利益。

第7章 结 论

　　图形界面设计在现代生活中无处不在，包括包装、广告、书籍和网站等。设计表达通常很难，因为设计必须清楚地传达信息，同时还要满足美学目标。在移动终端时代，设计人员还要为不同尺寸的移动终端设备调整显示尺寸进行设计创建，同时还需重新定位不同尺寸的设计。此外，许多设计是由经验不足的用户创建的，这些用户几乎没有经过图形设计方面的培训。因此，移动终端的智能界面生成方法可以极大地帮助设计人员，尤其是新手用户创建设计界面，满足用户日益增长的个性化设计需求。

　　本书综合了多领域的研究工作内容，包括设计学、计算机科学、认知心理学和人机交互等。本书主要的工作与创新点总结如下。

　　首先，我们对移动终端 UI/UX 设计人员（12 名专家和 12 名新手）进行了定性的访谈，推导了设计人员在设计实践中的共性，利用双钻石模型分析不同经验背景的设计人员在四个设计阶段（发现、定义、开发和交付）存在的差异。研究发现，设计人员更多关注用户的视觉吸引力程度，被重复繁杂且创意性低的设计工作困扰。本书迎合设计人员的设计需求，针对设计痛点，结合用户界面的设计元素特征，开发智能辅助设计工具以支持设计人员工作。

　　其次，我们率先提出了将移动终端界面设计相关知识和美学知识相结合的基于主题的智能界面生成方法。研究整合现在已有的用户界面特征，结合设计人员经验和设计美学准则，量化界面设计元素间的关系，提出了移动终端界面智能设计方法，此方法能完成图文混排的自动布局的生成。结合界面设计的特点，从用户使用体验角度总结出了用户界面设计特征，分别为交互性、一致性、个性化。在此基础上，在交互性特征方面，量化了动效对视觉吸引力的大小；在一致性特征方面，量化了移动终端多尺寸界面的一致性图文布局；在个性化特征方面，量化了基于色彩风格和语义的个性化界面设计。基于用户界面设计人员的设计经验和用户界面设计特征，通过色彩聚类进行界面色彩风格化设计，实现基于主色引导的色彩风格的个性化用户界面的自动生成；利用移动用户界面中的动效设计这一交互性原则，测试用户界面对用户的吸引力，通过用户研究的方法收集用户反馈，确保研究结果满足用户需求并被用户接受。

理解和创建图形设计的自动工具对于专业设计人员和新手设计人员来说都很重要。设计是一项极其艰巨的任务，大量的移动终端设备和设计限制条件增加了设计人员的负担。然而，许多关于界面设计的参考资料含混不清，很难直接构建工具。相比之下，我们建立的自动化界面设计方法基于界面设计的基本特征，使用内容感知的方法优化调整布局，自动生成风格化的界面色彩，并通过用户实验评估设计模型结果。这种通用方法有助于更深入地理解界面设计，并为新手和专家设计人员提供有效的设计工具。

目前，我们的方法还存在若干不足。例如，我们的设计模型可以有更多的界面设计布局风格，目前的方法仅考虑元素的位置和比例，忽略了位置的旋转、字体类型、文本换行等其他可选元素。在后续工作中，我们将丰富相关主题模板，以生成更加丰富多样的界面设计；利用网页和图像分析技术，结合图形和文字的语义，自动识别并匹配相应的主题模板；我们还要将智能设计方法从移动终端界面扩展到其他多媒体，如应用于海报、杂志和PowerPoint等。我们正在研究如何将用户交互行为添加到我们的框架中，以提供个性化的布局。

基于设计人员设计体验的移动终端界面智能设计方法为传统界面设计提供了新的实现可能，同时为计算设计领域的发展提供了新的思路。然而，由于设计问题的复杂性、多样性与主观性，移动终端的界面智能设计还可以有更多扩展，这有待于后续深入研究。

参 考 文 献

[1] https://baike.baidu.com/item/GUI.

[2] 李彦,刘红围,李梦蝶,等. 设计思维研究综述[J]. 机械工程学报,2017,53(15):1-20.

[3] Xiang W,Sun L,You W,et al. Crowdsourcing intelligent design[J]. Frontiers of Information Technology & Electronic Engineering,2018,19(1):126-138.

[4] Michael Bauerly and Yili Liu. Computational modeling and experimental investigation of effects of compositional elements on interface and design aesthetics. International Journal of Human-Computer Studies 64,8 (2006),670-682.

[5] Yang X,Mei T,Xu Y Q,et al. Automatic generation of visual-textual presentation layout[J]. ACM Transactions on Multimedia Computing,Communications,and Applications,2016,12(2):33-55.

[6] Wenyuan Yin,Tao Mei,and Changwen Chen. Automatic generation of social media snippets for mobile browsing. In Proceedings of the 21st ACM international conference on Multimedia(MM'13). ACM,New York,NY,USA,2013:927-936.

[7] Tao Mei,Lusong Li,Xian-Sheng Hua,and Shipeng Li. Image Sense:Towards contextual image advertising. ACM Transactions on Multimedia Computing,Communications,and Applications 8,1(2012),6.

[8] Mikko Kuhna,Ida-Maria Kivelä,and Pirkko Oittinen. Semi-automated Magazine Layout Using Content-based Image Features. In Proceedings of the 20th ACM international conference on Multimedia(MM'12). ACM,New York,NY,USA,2012:379-388.

[9] Alexander Kröner. 1999. The Design Composer:Context-based automated layout for the internet. In Proceedings of the AAAI Fall Symposium Series:Using Layout for the Generation,Understanding,or Retrieval of Documents.

[10] Top 50 Countries/Markets by Smartphone Users and Penetration. https://newzoo.com/insights/rankings/top-50-countries-by-smartphone-penetration-and-users(September 2019).

[11] Ali Jahanian,Jerry Liu,Qian Lin,Daniel Tretter,Eamonn O'Brien-Strain,Seungyon Claire Lee,Nic Lyons,and Jan Allebach. Recommendation System for

Automatic Design of Magazine Covers. In Proceedings of International Conference on Intelligent User Interfaces. ACM,2013：95-106.

[12]　Matsuda Y. Color design[J]. Asakura Shoten,1995.

[13]　Ming-Ming Cheng,Guo-Xin Zhang,Niloy J Mitra,Xiaolei Huang,and Shi-Min Hu. Global contrast based salient region detection. In 2011 IEEE Conference on Computer Vision and Pattern Recognition(CVPR). IEEE,2011：409-416.

[14]　Michailidou E,Harper S,Bechhofer S. Visual complexity and aesthetic perception of web pages[C]//Proceedings of the 26th Annual ACM International Conference on Design of Communication,2008：215-224.

[15]　Tuch A N,Bargas-Avila J A,Opwis K, et al. Visual complexity of websites：Effects on users' experience, physiology, performance, and memory [J]. International Journal of Human-Computer Studies,2009,67(9)：703-715.

[16]　Rick Nauert. Why First Impressions Are Difficult to Change：Study. http://www. livescience. com/10429-impressions-difficult-change-study. html,2011.

[17]　Christine Phillips and B Chaparro. Visual appeal vs. usability：Which one influences user perceptions of a website more. Usability News(2009),1-9.

[18]　Marcus Trapp and René Yasmin. Addressing animated transitions already in mobile app storyboards. In International Conference of Design,User Experience, and Usability. Springer,2013：723-732.

[19]　Jonas F Kraft and Jörn Hurtienne. 2017. Transition animations support orientation in mobile interfaces without increased user effort. In Proceedings of the 19th International Conference on Human-Computer Interaction with Mobile Devices and Services. ACM,17.

[20]　Daniel Liddle. 2016b. Emerging guidelines for communicating with animation in mobile user interfaces. In Proceedings of the 34th ACM International Conference on the Design of Communication. ACM,16.

[21]　Fanny Chevalier,Nathalie Henry Riche,Catherine Plaisant,Amira Chalbi,and Christophe Hurter. 2016. Animations 25 years later：New roles and opportunities. In Proceedings of the International Working Conference on Advanced Visual Interfaces. ACM,280-287.

[22]　David Novick,Joseph Rhodes, and Wervyn Wert. 2011. The communicative functions of animation in user interfaces. In Proceedings of the 29th ACM international conference on Design of communication. ACM,1-8.

[23]　Bruce H Thomas and Paul Calder. Applying cartoon animation techniques to graphical user interfaces. ACM Transactions on Computer-Human Interaction (TOCHI)8,3,2001：198-222.

[24]　Bay-Wei Chang and David Ungar. Animation：From cartoons to the user interface. (1995).

[25] Daniel Liddle. 2016a. Emerging Guidelines for Communicating with Animation in Mobile User Interfaces. In Proceedings of the 34th ACM International Conference on the Design of Communication(SIGDOC'16). ACM, New York, NY, USA, Article 16,9 pages. DOI: http://dx. doi. org/10. 1145/2987592. 2987614.

[26] Jeeyun Oh and S Shyam Sundar. User engagement with interactive media: A communication perspective. In Why Engagement Matters. Springer, 2016: 177-198.

[27] Young Hoon Kim, Dan J Kim, and Kathy Wachter. A study of mobile user engagement(MoEN): Engagement motivations, perceived value, satisfaction, and continued engagement intention. Decision Support Systems 56(2013),361-370.

[28] George G Robertson, Stuart K Card, and Jock D Mackinlay. Information visualization using 3D interactive animation. Commun. ACM 36,4(1993),56-72.

[29] Céline Schlienger, Stéphane Conversy, Stéphane Chatty, Magali Anquetil, and Christophe Mertz. 2007. Improving users' comprehension of changes with animation and sound: An empirical assessment. In IFIP Conference on Human-Computer Interaction. Springer,207-220.

[30] Jeffrey Heer and George Robertson. Animated transitions in statistical data graphics. IEEE transactions on visualization and computer graphics 13,6(2007), 1240-1247.

[31] Brenda Laurel and S Joy Mountford. 1990. The art of human-computer interface design. Addison-Wesley Longman Publishing Co. ,Inc.

[32] Noam Tractinsky, Ohad Inbar, Omer Tsimhoni, and Thomas Seder. 2011. Slow Down, You Move Too Fast: Examining Animation Aesthetics to Promote Eco-driving. In Proceedings of the 3rd International Conference on Automotive User Interfaces and Interactive Vehicular Applications(Automotive UI'11). ACM,New York,NY,USA,193-202. DOI: http://dx. doi. org/10. 1145/2381416. 2381447.

[33] Jan Hartmann,Alistair Sutcliffe, and Antonella De Angeli. Towards a Theory of User Judgment of Aesthetics and User Interface Quality. ACM Trans. Comput. -Hum. Interact. 15,4,Article 15(Dec. 2008),30 pages. DOI: http://dx. doi. org/ 10. 1145/1460355. 1460357.

[34] 高寒,唐降龙,刘家锋,等. 基于图像分类的图像美学评价研究[J]. 智能计算机与应用,2013(3): 39-41.

[35] Aliaksei Miniukovich and Antonella De Angeli. 2015. Computation of Interface Aesthetics. In Proceedings of the 33rd Annual ACM Conference on Human Factors in Computing Systems (CHI'15). ACM, New York, NY, USA, 1163-1172. DOI: http://dx. doi. org/10. 1145/2702123. 2702575.

[36] Marcus Trapp and René Yasmin. Addressing animated transitions already in mobile app storyboards. In International Conference of Design,User Experience,

and Usability. Springer, 2013: 723-732.

[37] Nikola Banovic, Antti Oulasvirta, and Per Ola Kristensson. 2019. Computational Modeling in Human-Computer Interaction. In Extended Abstracts of the 2019 CHI Conference on Human Factors in Computing Systems. ACM, W26.

[38] Ziming Wu, Taewook Kim, Quan Li, and Xiaojuan Ma. 2019. Understanding and Modeling User-Perceived Brand Personality from Mobile Application UIs. In Proceedings of the 2019 CHI Conference on Human Factors in Computing Systems(CHI'19). ACM, New York, NY, USA, Article 213, 12 pages. DOI: http://dx. doi. org/10. 1145/3290605. 3300443.

[39] Alex Krizhevsky, Ilya Sutskever, and Geoffrey E. Hinton. 2017. ImageNet Classification with Deep Convolutional Neural Networks. Commun. ACM 60, 6 (May 2017), 84-90. DOI: http://dx. doi. org/10. 1145/3065386.

[40] Amanda Swearngin and Yang Li. 2019. Modeling Mobile Interface Tappability Using Crowdsourcing and Deep Learning. arXiv preprint arXiv: 1902. 11247 (2019). Yang Li, Samy Bengio, and Gilles Bailly. 2018. Predicting human performance in vertical menu selection using deep learning. In Proceedings of the 2018 CHI Conference on Human Factors in Computing Systems. ACM, 29.

[41] Jonathan Carlton, Andy Brown, Caroline Jay, and John Keane. 2019. Inferring User Engagement from Interaction Data. In Extended Abstracts of the 2019 CHI Conference on Human Factors in Computing Systems(CHI EA'19). ACM, New York, NY, USA, Article LBW1212, 6 pages. DOI: http://dx. doi. org/10. 1145/ 3290607. 3313009.

[42] Holly M Rus and Linda D Cameron. Health communication in social media: Message features predicting user engagement on diabetes-related Facebook pages. Annals of behavioral medicine 50, 5(2016), 678-689.

[43] Ruth Rosenholtz, Amal Dorai, and Rosalind Freeman. 2011. Do predictions of visual perception aid design? ACM Transactions on Applied Perception(TAP)8, 2(2011), 12.

[44] Sharon Lin, Daniel Ritchie, Matthew Fisher, and Pat Hanrahan. 2013. Probabilistic color-by-numbers: Suggesting pattern colorizations using factor graphs. ACM TOG 32, 4(2013).

[45] Peter O'Donovan, Aseem Agarwala, and Aaron Hertzmann. Color compatibility from large datasets. ACM TOG 30, 4(2011).

[46] O'Donovan P, Agarwala A, Hertzmann A. Learning layouts for single pagegraphic designs[J]. IEEE Transactions on Visualization and Computer Graphics, 2014, 20(8): 1200-1213.

[47] Elena Garces, Aseem Agarwala, Diego Gutierrez, and Aaron Hertzmann. A similarity measure for illustration style. ACM TOG 33, 4(2014).

[48] Ying Cao,Antoni Chan,and Rynson Lau. Automatic stylistic manga layout. ACM TOG 31,6(2012),141.

[49] Peter O'Donovan, Aseem Agarwala, and Aaron Hertzmann. 2014a. Learning layouts for single-page graphic designs. IEEE TVCG 20,8(2014),1200-1213.

[50] Daniel Ritchie,Ankita Kejriwal,and Scott Klemmer. 2011. d. Tour: Style-based exploration of design example galleries. In ACM UIST. 165-174.

[51] Xufang Pang,Ying Cao,Rynson Lau,and Antoni Chan. Directing user attention via visual flow on web designs. ACM TOG 35,6(2016).

[52] Sampo V Paunonen. 2003. Big Five Factors of Personality and Replicated Predictions of Behavior. Journal of personality and social psychology 84 (03 2003),411-424. https://doi. org/10. 1037/0022-3514. 84. 2. 411.

[53] Jennifer L. Aaker. Dimensions of Brand Personality. Journal of Marketing Research 34,3(1997),347-356. http://www. jstor. org/stable/3151897.

[54] Kevin Lane Keller and Keith Richey. The importance of corporate brand personality traits to a successful 21st century business. Journal of Brand Management 14,1 (01 Sep 2006), 74-81. https://doi. org/10. 1057/palgrave. bm. 2550055.

[55] Jon R. Austin,Judy A. Siguaw,and Anna S. Mattila. A re-examination of the generalizability of the Aaker brand personality measurement framework. Journal of Strategic Marketing 11,2(2003),77-92. https://doi. org/10. 1080/ 0965254032000104469.

[56] Qimei Chen and Shelly Rodgers. Development of an Instrument to Measure Web Site Personality. Journal of Interactive Advertising 7,1(2006),4-46. https://doi. org/10. 1080/15252019. 2006. 10722124.

[57] Amit Poddar, Naveen Donthu, and Jack Wei. 2009. Web site customer orientations,Web site quality,and purchase intentions: The role of Web site personality. Journal of Business Research 62,4(04 2009),441-450. https://doi. org/10. 1016/j. jbusres. 2008. 01. 036.

[58] Steven Bellman, Robert F. Potter, Shiree Treleaven-Hassard, Jennifer A. Robinson,and Duane Varan. 2011. The Effectiveness of Branded Mobile Phone Apps. Journal of Interactive Marketing 25,4(2011),191-200. https://doi. org/ 10. 1016/j. intmar. 2011. 06. 001.

[59] Oded Nov, OferArazy, Claudia López, and Peter Brusilovsky. 2013. Exploring Personality-targeted UI Design in Online Social Participation Systems. In Proceedings of the SIGCHI Conference on Human Factors in Computing Systems (CHI'13). ACM, New York, NY, USA, 361-370. https://doi. org/10. 1145/ 2470654. 2470707.

[60] Rodrigo De Oliveira, Mauro Cherubini, and Nuria Oliver. 2013. Influence of

Personality on Satisfaction with Mobile Phone Services. ACM Trans. Comput. - Hum. Interact. 20,2,Article 10(May 2013),23 pages. https://doi. org/10. 1145/ 2463579. 2463581.

[61] Chung K. Kim, Dongchul Han, and Seung-Bae Park. The effect of brand personality and brand identification on brand loyalty: Applying the theory of social identification. Japanese Psychological Research 43, 4 (2001), 195-206. https://doi. org/10. 1111/1468-5884. 00177.

[62] M Sirgy,Dhruv Grewal,and Tamara Mangleburg. 2000. Retail Environment,Self-Congruity,and Retail Patronage. Journal of Business Research 49,2(08 2000), 127-138. https://doi. org/10. 1016/S0148-2963(99)00009-0.

[63] F. Anvari,D. Richards, M. Hitchens, and M. A. Babar. 2015. Effectiveness of Persona with Personality Traits on Conceptual Design. In 2015 IEEE/ACM 37th IEEE International Conference on Software Engineering,Vol. 2. 263-272. https:// doi. org/10. 1109/ICSE. 2015. 155.

[64] Su-e Park, Dongsung Choi, and Jinwoo Kim. 2005. Visualizing E-Brand Personality: Exploratory Studies on Visual Attributes and E-Brand Personalities in Korea. International Journal of Human-Computer Interaction 19, 1 (2005), 7-34. https://doi. org/10. 1207/s15327590ijhc1901_3.

[65] Nan Zhong and Florian Michahelles. 2013. Google Play is Not a Long Tail Market: An Empirical Analysis of App Adoption on the Google Play App Market. In Proceedings of the 28th Annual ACM Symposium on Applied Computing(SAC'13). ACM, New York, NY, USA, 499-504. https://doi. org/ 10. 1145/2480362. 2480460.

[66] Scarlett R Herring,Chia-Chen Chang,Jesse Krantzler,and Brian P Bailey. 2009. Getting inspired!: Understanding how and why examples are used in creative design practice. In Proceedings of the SIGCHI Conference on Human Factors in Computing Systems. ACM,87-96.

[67] Claudia Eckert and Martin Stacey. 2000. Sources of inspiration: A language of design. Design studies 21,5(2000),523-538.

[68] Peter J Wild, Chris McMahon, Mansur Darlington, Shaofeng Liu, and Steve Culley. 2010. A diary study of information needs and document usage in the engineering domain. Design Studies 31,1(2010),46-73.

[69] Pao Siangliulue, Joel Chan, Krzysztof Z. Gajos, and Steven P. Dow. 2015b. Providing Timely Examples Improves the Quantity and Quality of Generated Ideas. In Proceedings of the 2015 ACM SIGCHI Conference on Creativity and Cognition(C& C'15). ACM,New York,NY,USA,83-92. DOI: http://dx. doi. org/10. 1145/2757226. 2757230.

[70] Nathalie Bonnardel and Evelyne Marmeche. Favouring Creativity in Design

Projects. Studying Designers 5(2005),23-36.

[71] Pao Siangliulue, Kenneth C. Arnold, Krzysztof Z. Gajos, and Steven P. Dow. 2015a. Toward Collaborative Ideation at Scale: Leveraging Ideas from Others to Generate More Creative and Diverse Ideas. In Proceedings of the 18th ACM Conference on Computer Supported Cooperative Work &. #38; Social Computing (CSCW'15). ACM,New York,NY,USA,937-945. DOI: http://dx. doi. org/10. 1145/2675133. 2675239.

[72] Joel Chan, Pao Siangliulue, DenisaQori McDonald, Ruixue Liu, Reza Moradinezhad,Safa Aman, Erin T. Solovey, Krzysztof Z. Gajos, and Steven P. Dow. 2017. Semantically Far Inspirations Considered Harmful?: Accounting for Cognitive States in Collaborative Ideation. In Proceedings of the 2017 ACM SIGCHI Conference on Creativity and Cognition(C&. #38; C'17). ACM, New York,NY,USA,93-105. DOI: http://dx. doi. org/10. 1145/3059454. 3059455.

[73] David G Jansson and Steven M Smith. Design fixation. Design studies 12, 1 (1991),3-11.

[74] Matti Perttula and PekkaSipilä. The idea exposure paradigm in design idea generation. Journal of Engineering Design 18,1(2007),93-102.

[75] Scarlett R Miller and Brian P Bailey. 2014. Searching for inspiration: An in-depth look at designers example finding practices. In ASME 2014 International Design Engineering Technical Conferences and Computers and Information in Engineering Conference. American Society of Mechanical Engineers, V007T07A035-V007T07A035.

[76] Vimal Viswanathan,Julie Linsey,and others. Understanding fixation: A study on the role of expertise. In DS 68-7: Proceedings of the 18th International Conference on Engineering Design (ICED 11), Impacting Society through Engineering Design, Vol. 7: Human Behaviour in Design,Lyngby/Copenhagen, Denmark,15. -19. 08. 2011. 309-319.

[77] Marco de Sá and Luís Carriço. 2008. Lessons from early stages design of mobile applications. In Proceedings of the 10th international conference on Human computer interaction with mobile devices and services. ACM,127-136.

[78] Janin Koch, Magda Laszlo, Andres Lucero Vera, Antti Oulasvirta, and others. 2018. Surfing for Inspiration: Digital inspirational material in design practice. In Design Research Society International Conference: Catalyst. Design Research Society.

[79] Ka-Ping Yee, Kirsten Swearingen, Kevin Li, and Marti Hearst. 2003. Faceted Metadata for Image Search and Browsing. In Proceedings of the SIGCHI Conference on Human Factors in Computing Systems (CHI'03). ACM, New York,NY,USA,401-408. DOI: http://dx. doi. org/10. 1145/642611. 642681.

［80］　Forrest Huang, John F. Canny, and Jeffrey Nichols. 2019. Swire: Sketch-based User Interface Retrieval. In Proceedings of the 2019 CHI Conference on Human Factors in Computing Systems(CHI'19). ACM, New York, NY, USA, Article 104,10 pages. DOI: http://dx. doi. org/10. 1145/3290605. 3300334.

［81］　Janin Koch, Andrés Lucero, Lena Hegemann, and Antti Oulasvirta. 2019. May AI?: Design Ideation with Cooperative Contextual Bandits. In Proceedings of the 2019 CHI Conference on Human Factors in Computing Systems(CHI'19). ACM, New York,NY,USA,Article 633,12 pages. DOI: http://dx. doi. org/10. 1145/ 3290605. 3300863.

［82］　L. Purvis,S. Harrington, B. O'Sullivan, and E. C. Freuder, "Creating personalized documents: An optimization approach," in Proc. ACM Symp. Document Eng. , 2003,pp. 68-77.

［83］　J. Geigel and A. Loui, "Using genetic algorithms for album page layouts," IEEE Multimedia,vol. 10,no. 4,pp. 16-27,Oct. 2003.

［84］　M. Agrawala and C. Stolte, "Rendering Effective Route Maps," in Proc. ACM SIGGRAPH,2001,pp. 241-249.

［85］　P. Merrell,E. Schkufza,Z. Li, M. Agrawala, and V. Koltun, "Interactive furniture layout using Interior design guidelines," in Proc. ACM SIGGRAPH, 2011, pp. 87：1-87：10.

［86］　L. -F. Yu,S. K. Yeung, C. -K. Tang, D. Terzopoulos, T. F. Chan, and S. Osher, "Make it home: automatic optimization of furniture arrangement," in Proc. ACM SIGGRAPH,2011,pp. 86：1-86：12.

［87］　Mikko Kuhna, Ida-Maria Kivelä, and Pirkko Oittinen. 2012. Semi-automated Magazine Layout Using Content-based Image Features. In Proceedings of the 20th ACM international conference on Multimedia(MM'12). ACM, New York, NY, USA,379-388.

［88］　Wenyuan Yin, Tao Mei, and Changwen Chen. 2013. Automatic generation of social media snippets for mobile browsing. In Proceedings of the 21st ACM international conference on Multimedia(MM'13). ACM, New York, NY, USA, 927-936.

［89］　Ligang Liu,Renjie Chen,Lior Wolf,and Daniel Cohen-Or. 2010. Optimizing photo composition. In Computer Graphics Forum, Vol. 29. Wiley Online Library, 469-478.

［90］　Shai Avidan and Ariel Shamir. Seam Carving for Content-aware Image Resizing. ACM Transactions on Graphics(TOG)26,3(2007),10.

［91］　D. E. Knuth,The Textbook. Reading,MA,USA: Addison-Wesley,1986.

［92］　C. Jacobs,W. Li, E. Schrier, D. Bargeron, and D. Salesin, "Adaptive grid-based document layout," in Proc. ACM SIGGRAPH,2003,pp. 838-847.

[93] N. Damera-Venkata, J. Bento, and E. O'Brien-Strain, "Probabilistic document model for automated document composition," in Proc. ACM Symp. Document Eng. ,2011,pp. 3-12.

[94] N. Hurst,W. Li,and K. Marriott,"Review of automatic document formatting," in Proc. 9th ACM Symp. Document Eng. ,2009,pp. 99-108.

[95] A. Jahanian,L. Jerry,D. Tretter,L. Qian,N. Damera-Venkata,E. O'Brien-Strain, L. Seungyon,F. Jian,and J. Allebach,"Automatic design of magazine covers," in Proc. SPIE. ,vol. 8302,pp. 83020N-83020N-8,2012.

[96] M. Shilman,P. Liang,and P. Viola,"Learning non-generative grammatical models for document analysis," in Proc. IEEE 10th Int. Conf. Comput. Vis. ,2005,pp. 962-969.

[97] J. Talton,L. Yang,R. Kumar,M. Lim,N. D. Goodman,and R. Mech,"Learning design patterns with bayesian grammar induction," in Proc. 25th Annu. ACM Symp/User Interface Softw. Technol. ,2012,pp. 63-74.

[98] R. Rosenholtz,N. R. Twarog, N. Schinkel-Bielefeld, and M. Wattenberg, "An intuitive model of perceptual grouping for HCI design," in Proc. SIGCHI Conf. Human Factors Comput. Syst. ,2009,pp. 1331-1340.

[99] J. Müller-Brockmann, Grid Syst. in Graphic Design. Sulgen, Switzerland: Niggli Verlag,1996.

[100] S. Baluja,"Browsing on Small Screens," in Proc. 15th Int. Conf. World Wide Web,2006,pp. 33-42.

[101] M. Krishnamoorthy, G. Nagy, S. Seth, and M. Viswanathan, "Syntactic segmentation and labeling of digitized pages from technical journals," IEEE Trans. Pattern Anal. Mach. Intell. ,vol. 15,no. 7,pp. 737-747,Jul. 1993.

[102] Simon Lok and Steven Feiner. 2001. A survey of automated layout techniques for information presentations. Proceedings of Smart Graphics(2001),61-68.

[103] Charles Jacobs, Wilmot Li, Evan Schrier, David Bargeron, and David Salesin. Adaptive Grid-based Document Layout. ACM Transactions on Graphics 22,3 (2003),838-847.

[104] Ali Jahanian, Jerry Liu, Qian Lin, Daniel Tretter, Eamonn O'Brien-Strain, Seungyon Claire Lee, Nic Lyons, and Jan Allebach. 2013. Recommendation System for Automatic Design of Magazine Covers. In Proceedings of International Conference on Intelligent User Interfaces. ACM,95-106.

[105] Michelle X. Zhou and Sheng Ma. 1999. Toward applying machine learning to design rule acquisition for automated graphics generation. In Proc. 2000 AAAI Spring Symp. on Smart Graphics. 16-23.

[106] Albert Henry Munsell. 1950. Munsell book of color. Munsell Color Company.

[107] Masataka Tokumaru, Noriaki Muranaka, and Shigeru Imanishi. 2002. Color

design support system considering color harmony. In Proceedings of the IEEE International Conference on Fuzzy System, 2002(FUZZ-IEEE'02), Vol. 1. IEEE, 378-383.

[108] Ming-Ming Cheng, Guo-Xin Zhang, Niloy J Mitra, Xiaolei Huang, and Shi-Min Hu. 2011. Global contrast based salient region detection. In 2011 IEEE Conference on Computer Vision and Pattern Recognition (CVPR). IEEE, 409-416.

[109] Shigenobu Kobayashi and Louella Matsunaga. 1991. Color image scale. Kodansha international Tokyo.

[110] Catherine Havasi, Robert Speer, and Justin Holmgren. 2010. Automated color selection using semantic knowledge. In Proceedings of the AAAI Fall Symposium Series.

[111] Mikko Kuhna, Ida-Maria Kivelä, and Pirkko Oittinen. 2012. Semi-automated Magazine Layout Using Content-based Image Features. In Proceedings of the 20th ACM international conference on Multimedia(MM'12). ACM, New York, NY, USA, 379-388.

[112] Ali Jahanian, Jerry Liu, Daniel R. Tretter, Qian Lin, Niranjan Damera-Venkata, Eamonn O'Brien-Strain, Seungyon Lee, Jian Fan, and Jan P. Allebach. 2012. Automatic design of magazine covers. In IS&T/SPIE Electronic Imaging. International Society for Optics and Photonics, 83020N-83020N.

[113] https://techcrunch.com/2014/03/23/layout-in-flipboard-for-web-and-windows/.

[114] 黄琦, 孙守迁. 产品风格计算研究进展[J]. 计算机辅助设计与图形学学报, 2006, 18(11): 1629-1636.

[115] Theeuwes, J. (1994). Stimulus-driven capture and attentional set: Selective search for color and visual abrupt onsets. Journal of Experimental Psychology: Human Perception and Performance, 26, 799-806.

[116] Folk, C. L., & Remington, R. W. 1998. Selectivity in distraction by irrelevant featural singletons: Evidence for two forms of attentional capture. Journal of Experimental Psychology: Human Perception and Performance, 24, 847-858.

[117] Oh, J., and Sundar, S. S. User Engagement with Interactive Media: A Communication Perspective. Springer International Publishing, Cham, 2016, pp. 177-198.

[118] Schlienger, C., Conversy, S., Chatty, S., Anquetil, M., and Mertz, C. Improving users' comprehension of changes with animation and sound: An empirical assessment. In IFIP Conference on Human-Computer Interaction (2007), Springer, pp. 207-220.

[119] Aline Chevalier and Melody Y Ivory. 2003. Web site designs: Influences of designer's expertise and design constraints. International Journal of Human-

Computer Studies 58,1(2003),57-87.

[120] Design Council. 2015. The design process: What is the double diamond. Saatavanaosoitteessa: < http://www. designcouncil. org. uk/news-opinion/design-process-whatdouble-diamond>. Luettu 26(2015),2017.

[121] Tan Y Y,Yuen A H K. "Destuckification": Use of Social Media for Enhancing Design Practices[C]//New Media, Knowledge Practices and Multiliteracies: HKAECT 2014 International Conference. Springer Singapore,2015: 67-75.

[122] Pao Siangliulue, Kenneth C. Arnold, Krzysztof Z. Gajos, and Steven P. Dow. 2015a. Toward Collaborative Ideation at Scale: Leveraging Ideas from Others to Generate More Creative and Diverse Ideas. In Proceedings of the 18th ACM Conference on Computer Supported Cooperative Work & # 38; Social Computing(CSCW'15). ACM,New York,NY,USA,947-955. DOI: http://dx. doi. org/10. 1145/2675133. 2675239.

[123] Martin Porcheron, Andrés Lucero, and Joel E. Fischer. 2016. Co-curator: Designing for Mobile Ideation in Groups. In Proceedings of the 20th International Academic Mindtrek Conference(Academic Mindtrek'16). ACM,New York,NY, USA,226-234. DOI: http://dx. doi. org/10. 1145/2994310. 2994350.

[124] Katja Tschimmel. 2012. Design Thinking as an effective Toolkit for Innovation. In ISPIM Conference Proceedings. The International Society for Professional Innovation Management(ISPIM),1.

[125] Design Council. 2015. The design process: What is the double diamond. Saatavanaosoitteessa: < http://www. designcouncil. org. uk/news-opinion/design-process-whatdouble-diamond>. Luettu 26(2015),2017.

[126] Shuai Hao,Bin Liu,Suman Nath,William GJ Halfond,and Ramesh Govindan. 2014. PUMA: Programmable UI-automation for large-scale dynamic analysis of mobile apps. In Proceedings of the 12th annual international conference on Mobile systems,applications,and services. ACM,204-217.

[127] David Gunning. 2017. Explainable artificial intelligence(xai). Defense Advanced Research Projects Agency(DARPA),nd Web.

[128] Leonard Hoon, Rajesh Vasa, Gloria Yoanita Martino, Jean-Guy Schneider, and KonMouzakis. 2013. Awesome!: Conveying satisfaction on the app store. In Proceedings of the 25th Australian Computer-Human Interaction Conference: Augmentation,Application,Innovation,Collaboration. ACM,229-232.

[129] Vassiliki Gkantouna, Athanasios Tsakalidis, and Giannis Tzimas. 2016. Mining interaction patterns in the design of web applications for improving user experience. In proceedings of the 27th ACM conference on hypertext and social media. ACM,219-224.

[130] Matti Perttula and PekkaSipilä. The idea exposure paradigm in design idea

generation. Journal of Engineering Design 18,1(2007),93-102.

[131] Nada Endrissat,Gazi Islam, and Claus Noppeney. Visual organizing: Balancing coordination and creative freedom via mood boards. Journal of Business Research 69,7(2016),2353-2362. DOI: http://dx. doi. org/https://doi. org/10. 1016/j. jbusres. 2015. 10. 004.

[132] Eunsuk Kang, Ethan Jackson, and Wolfram Schulte. 2010. An approach for effective design space exploration. In Monterey Workshop. Springer,33-54.

[133] Katharina Reinecke and Krzysztof Z. Gajos. 2014. Quantifying Visual Preferences Around the World. In Proceedings of the SIGCHI Conference on Human Factors in Computing Systems (CHI'14). ACM, New York, NY, USA, 11-20. DOI: http://dx. doi. org/10. 1145/2556288. 2557052.

[134] Ziming Wu,Taewook Kim,Quan Li, and Xiaojuan Ma. 2019. Understanding and Modeling User-Perceived Brand Personality from Mobile Application UIs. In Proceedings of the 2019 CHI Conference on Human Factors in Computing Systems. ACM,213.

[135] Ziming Wu, Zhida Sun, Taewook Kim, Manuele Reani, Caroline Jay, and Xiaojuan Ma. Mediating Color Filter Exploration with Color Theme Semantics Derived from Social Curation Data. Proceedings of the ACM on Human-Computer Interaction 2,CSCW(2018),187.

[136] Nikita Spirin,Motahhare Eslami,Jie Ding, Pooja Jain, Brian Bailey, and Karrie Karahalios. 2014. Searching for Design Examples with Crowdsourcing. In Proceedings of the 23rd International Conference on World Wide Web(WWW'14 Companion). ACM, New York, NY, USA, 381-382. DOI: http://dx. doi. org/ 10. 1145/2567948. 2577371.

[137] Lau C,Schloss K B, Palmer S E. Effects of grouping on preference for color triplets[J]. Journal of Vision,2012,12(9): 73.

[138] Palmer and Schloss 2010. The Berkeley Color Project (BCP) 32 Chromatic Colors.

[139] Budden D,Fenn S,Mendes A,et al. Evaluation of Colour Models for Computer Vision Using Cluster Validation Techniques[J]. 2013.

[140] 鲁晓波. 信息设计中的交互设计方法[J]. 科技导报,2007,25(0713): 18-21.

[141] Whitfield,Tomanová, P. , Hradil, J. , & Sklenák, V. (2019). Measuring users' color preferences in CRUD operations across the globe: A New Software Ergonomics Testing Platform. Cognition,Technology and Work,(0123456789).

[142] Stone,N. J. , & English, A. J. (1998). Task type,posters,and workspace color on mood,satisfaction,and performance. Journal of Environmental Psychology, 18,175-185.

[143] Seagull,F. J. ,Sutton,E. ,Lee,T. ,Godinez,C. ,Lee,G. , & Park,A. (2011). A

validated subjective rating of display quality: The maryland visual comfort scale. Surgical Endoscopy,25(2),567-571.

[144] Kim,Y. J. , Luo,M. R. , Choe,W. , Kim,H. S. , Park,S. O. , Baek,Y. ,... & Kim,C. Y. (2008). Factors affecting the psychophysical image quality evaluation of mobile phone displays: The case of transmissive liquid-crystal displays. JOSA A,25(9),2215-2222.

[145] Rodrigo De Oliveira,Mauro Cherubini,and Nuria Oliver. 2013. Influence of Personality on Satisfaction with Mobile Phone Services. ACM Trans. Comput. -Hum. Interact. 20,2,Article 10(May 2013),23 pages. https://doi. org/10. 1145/2463579. 2463581.

[146] 马语泽. 基于视觉心理学的版式设计分析及应用[D]. 沈阳师范大学.

[147] Brooke E. Schefrin,Stephen J. Tregear,Lewis O. Harvey Jr,et al. Senescent changes in scotopic contrast sensitivity[J]. Vision Research,39(22): 0-3736.

后　　记

　　校园静谧的夜里，伴着荷畔青灯盏盏，求学的我虽已不是少年，却因着这一方天地的光华，如少年一般，不惧岁月绵长。历历往事钩沉，依稀不绝于斯园已有近三载时光。这三年中点点滴滴的成长与蜕变，离不开无数老师、前辈、学长、同窗的指点与鼓励，离不开赋予我思考之深度、研究之方法的清华学术的熏陶，离不开"于无字句处读书，与有肝胆人共事"的清华人的担当。

　　博士研究生阶段在美术学院求学，承教于诸多恩师，关照我、指导我最多的是我的导师徐迎庆教授。本书的完成，还有赖于指导我写作的米海鹏老师、麻晓娟老师，还有我的挚友王凯老师，他们都为本书的写作提出了宝贵、细致的修改意见。感谢在斯坦福大学留学期间的导师 James A. Landay。他们给予我诸多帮助，为我的进步和成长付出了心血，我将永远感激。

　　感谢读博期间一起工作的所有伙伴们。感谢跟我一起在项目合作中并肩作战的战友：胡佳雄、高家思、姚远、孙浩、彭宇、周雪怡、高婧、路奇、黄立、梁婉、周同、刘一丁、吴梓明、钟维康、刘致远、卢秋雨、Sherry Ruan。感谢人生的每个阶段中，那些曾经帮助我、关心我的朋友们，你们的陪伴让我的求学时光更加温暖。

　　最后，还要感谢我的家人，感谢小姐姐赵艺乔始终的爱与陪伴。感谢我的干妈余雁女士多年来无条件的鼓励与支持。感恩我的父母给予我的无限的爱、宽容与温暖。

　　一番春意正浓，意气风发是吾侪。于时代的浪潮中，愿赤子之心、青春担当长存吾身，愿学术理想、家国情怀如月印万川，普照吾所行每一青山。

徐千尧

2022 年 10 月